你要如何衡量你的人生

[美] 克莱顿·克里斯坦森 Clayton M. Christensen
[澳] 詹姆斯·奥沃斯 James Allworth
[美] 凯伦·迪伦 Karen Dillon 著

丁晓辉 译

台海出版社

北京市版权局著作合同登记号：图字 01-2023-3895

Copyright © 2012 by Clayton M. Christensen, James Allworth and Karen DillonPublished by arrangement with HarperCollins Publishersthrough Bardon-Chinese Media Agency.Simplified Chinese translation copyright © 2023 by Beijing Xiron Culture Group Co., Ltd. ALL RIGHTS RESERVED.

图书在版编目（CIP）数据

你要如何衡量你的人生 /（美）克莱顿·克里斯坦森，（澳）詹姆斯·奥沃斯，（美）凯伦·迪伦著；丁晓辉译. -- 北京：台海出版社，2023.10（2025.3 重印）

书名原文：How Will You Measure Your Life?

ISBN 978-7-5168-3628-6

Ⅰ.①你… Ⅱ.①克…②詹…③凯…④丁… Ⅲ.①人生哲学—通俗读物 Ⅳ.① B821-49

中国国家版本馆 CIP 数据核字 (2023) 第 153898 号

你要如何衡量你的人生

著　　者：［美］克莱顿·克里斯坦森　　［澳］詹姆斯·奥沃斯
　　　　　［美］凯伦·迪伦　　译　者：丁晓辉

责任编辑：戴　晨

出版发行：台海出版社
地　　址：北京市东城区景山东街 20 号　邮政编码：100009
电　　话：010-64041652（发行、邮购）
传　　真：010-84045799（总编室）
网　　址：www.taimeng.org.cn/thcbs/default.htm
E - mail：thcbs@126.com

经　　销：全国各地新华书店
印　　刷：三河市中晟雅豪印务有限公司

本书如有破损、缺页、装订错误，请与本社联系调换

开　　本：700 毫米 ×980 毫米　 1/16
字　　数：161 千字　　　　　印　张：16
版　　次：2023 年 10 月第 1 版　印　次：2025 年 3 月第 2 次印刷
书　　号：ISBN 978-7-5168-3628-6
定　　价：62.00 元

版权所有　翻印必究

- 译者序 -

当我拿到本书的英文稿时，瞬间就被书中的观点迷住了。当时我正在辅导一个企业家做一项新的投资决策，我采用了书中的"测试前提假设"来帮助这位企业家。我问他："在哪些前提假设得到验证的条件下，才能证明你的投资策略是正确的？"我让他把这项投资决策中的"前提假设"写在纸上。20分钟后，这位企业家兴奋地告诉我："我知道该怎么做了。"他很开心自己找到了答案，并且对于我的辅导非常感谢，说我帮了他的大忙，其实我只是运用本书中的"前提假设理论"问对了问题而已。由此，我不禁惊诧于这本书的神奇功效了。

本书作者克莱顿·克里斯坦森是哈佛商学院的教授，被誉为世界一流的创新管理思想家，他的两本书——《创新者的窘境》和《创新者的解答》，均堪称经典。

2010年春，哈佛大学邀请克里斯坦森为毕业班的学生做演讲，请他向全体学生阐述如何把他的管理学创见运用于生活中。当时，他已被诊断出患有癌症。因此，在演讲中，他的很多观点都来自面对死亡时对"生命价值"的感悟。他的演讲取得了极大的成功，不仅深深感动了现场的学生，也在新闻媒体和出版商中引起广泛讨论。

由此，这本脱胎于哈佛演讲的书诞生了。这是一本面向大众读者的心理自助书籍，不过它并不普通，它不是那种道听途说的常识的汇编，而是作者把多年企业管理实践和研究中用到的缜密分析运用于对个人成功和幸福的研究，总结出了可以解释我们的选择与个人成功和幸福之间因果关系的理论。

而且，克里斯坦森还用了很多有趣且具有说服力的商业案例来佐证他的观点，其中包括苹果、英特尔、迪士尼、沃尔玛、宜家、戴尔、皮克斯、本田、摩托罗拉等公司的案例。

总之，本书的观点和案例都十分精彩，让人忍不住一口气读完，其中的精华对工作和生活都有极大的启发价值。

如果你是一个年轻人，这本书将指导你如何在工作和生活中找到幸福，如何规划自己的人生，如何找到衡量人生的标尺；如果你为人父母，这是一本关于如何教育孩子的教科书，书中的观点可以指导你培养出优秀的孩子；如果你是一位企业经营者，这本书会帮助你在企业经营的过程中建立正确的思维模式，从而帮助你的企业走向成功。

我完全赞同克里斯坦森的一个观点："对于生活的基本问题，并不存在所谓的特效药和快速解决的方法。"所以，思考的过程比思考的结论对我们的人生更有价值。

上帝只帮助懂得自救的人。相信本书能让你的人生更精彩！

丁晓辉

- 作者序 -

在哈佛商学院讲课的时候,我经常会谈到从哈佛毕业的学生返校的现象。哈佛的同学聚会每五年举行一次,这些聚会给我留下了许多美好的回忆。哈佛商学院非常善于吸引校友回校参加一些大型活动,比如慈善捐款、给在校学生演讲等。对于这样的聚会,我的同学出席率都很高,在毕业五周年返校聚会上,我发现每个人看起来都是那么光鲜亮丽,一派豪情壮志。我们那个班的同学似乎都非常出色——他们有很棒的工作,有的甚至在充满异域风情的地方谋到了一份美差,有的同学的伴侣比他们本人的相貌好很多。似乎命中注定他们方方面面都将很精彩。

但是到我们十周年聚会的时候,发生了许多我预料不到的事情。有几个我一直期待见面的同学没来参加聚会,我不知道他们为什么没来,后来才知道他们出了一些状况。我的同学中有的成了著名咨询公司和金融公司的 CEO(首席执行官),如麦肯锡咨询公司、高盛集团;有的正在朝世界 500 强企业高层迈进;有的则已经成为成功的企业家,赚了大把金钱。虽然他们在事业上取得了很大的成就，但显然他们中的大部分人过得并不开心。

在事业成功的背后，我发现他们中有很多人并不喜欢目前所从事的职业。此外，还有一部分同学经历了婚姻的不幸。我记得有个同学已经几年没有和他的孩子说过话了，因为现在他住在与他的孩子们相隔很远的大洋彼岸；另外一个女同学毕业后已经有过三次婚姻。

这些同学不仅是我所认识的最聪明的人，而且都是些很体面的人。毕业时，他们都有自己的人生规划——不但要事业有成，对生活也充满了期望。但在追求人生目标的过程中，有些同学的情况开始变得糟糕了，虽然事业不错，但是他们羞于谈论自己的家庭和情感，因为这些正面临危机。

当时，我认为这种情况只是暂时的，是一种中年危机，但是在我们毕业第25年和第30年的聚会上，情况变得更糟糕了。我有个同学——杰弗里·斯吉林因为安然丑闻被关进了监狱。

我在哈佛商学院里认识的那个杰弗里·斯吉林是一个好男人，他聪明、学习努力、富有责任心。他曾经是麦肯锡咨询公司史上最年轻的合作人，后来又成了安然公司的总裁，仅一年时间就赚到了1亿美元。可是，他的私人生活并不幸福——他的第一次婚姻以离婚告终。随着他变得越来越出名，我已经认不出媒体口中的那个金融巨头了。就在他被判定犯有多宗与安然公司财务丑闻相关的联邦重罪时，他的整个事业都被毁了。这件事让我很震惊，我不仅诧异于他怎么会犯这种错误，还对他怎么错得如此离谱感到震惊。显然是有什么东西把他引向了错误的方向。

个人的不幸福、婚姻的失败，甚至是犯罪，这些问题不仅仅出现在我的哈佛商学院的同学身上，也发生在我就读牛津大学时的一些同学身上，当然这些事都是毕业后发生的。事实上，他们中的大多数人都在事业上获得了惊人的成功，家庭生活也温馨幸福。

但是随着岁月的流逝，我那32个获得牛津大学罗氏奖学金的同学中，有些人也经历了类似令人失望的事情。有一个同学因在某重大内幕交易丑闻中起到了关键作用而被判有罪；另外一个同学因为与一个十几岁的少女有性关系而被送进监狱，这个少女曾参与过他的政治活动。他曾经是我认为命中注定会事业有成、家庭幸福的人，却在两方面都很糟糕——包括他不止一次离婚。

我知道，他们中没有人在毕业时就想过要离婚，或是与孩子失去联系，更没有人想过要犯罪进监狱，却有很多人最终走上了这样的道路。

我不想误导你们，因为和失望并存的还有这样的情况：我的许多同学在个人生活和事业两方面都堪称楷模，他们让我受到了真正的启发。但是生活并没有就此结束，因为我们孩子的人生才刚刚开始。因此，我想这本书也许能帮助那些偏离了人生轨道的人，而且对那些刚刚踏入社会的年轻人也能够有所帮助。

我是迄今为止最幸运的那一个，很多方面都是因为我有一个非常了不起的妻子——克丽丝汀，她非常有先见之明，帮助我预见了未来。但是，如果我在这里宣称，人们只要按照我们那样做，复制我们做过的决定，就可以过上幸福、成功的生活，那么我写这本书就是在做蠢事了。相反，写这本书时，我运用了自己在管理研究方面特有的方法去研究和提炼一些理论。

为什么一些非常聪明的人做出了错误的决定，从而导致人生的失败？这里面有着怎样的原因？只有明白了其中包含的规律，其他人才能做出更好的选择。在我的MBA"怎样建立和保持企业的可持续性成功"的课程中，我们做了一些相关的理论研究。**这些理论讲述了什么事情能导致什么结果，以及为什么会这样。**

当学生明白了这些理论后，我们就会用这些理论对某个公司的案例进行审视剖析，就像用透镜那样。我们对每个理论进行讨论，它们能告诉我们问题和机遇为什么会出现在这个公司里。然后，我们再运用这些理论进行预测——预测将会有什么问题和机遇可能出现在这家公司里，以及管理者要采取什么样的行动才能解决这些问题。

通过这种做法，学生将会了解到：强大的理论能够解释在各个层面已经发生和将要发生的事情。这些层面包括各个行业、在这些行业里的公司、业务部门里的团队等。最后上课的那一天，我会总结过去几年有什么事情经常出现在我们的生活中——我们直接触及了组织机构中最根本的因素，即我们自己，不用其他，而是把我们自己作为案例来分析。通过这些理论透镜来审视自己，我们看到，这些理论预测了什么样的行动将会有什么样的结果，为什么会有这样的结果。

我们没有讨论希望什么事情会发生在我们身上，而是讨论用这个理论预测到将有什么事情会发生在我们身上。多年来，我经历过很多次对这些问题的讨论，所以从这些问题里学到的东西，比任何一组学生都要多。我与他们分享了很多理论，讲述了这些理论是怎样在我的生活中起作用的。

为了组织好最后那天课程的讨论，我把研究过的理论从上至下写在了黑板上。然后在理论边上写了三个简单的问题：**我如何确定——**

我将获得事业的成功和幸福？

我与配偶、孩子、亲戚和密友之间的关系是我永久幸福的源泉吗？

我过着正直的生活，从而远离犯罪？

这些问题听起来很简单，但这正是我很多同学从未问过自己的问题，或者他们已经忘了曾经学到过这些东西。每年在哈佛的课堂上，我都会感到吃惊：这些理论在个人生活和企业两方面带来的启发都惊人地相似。我会尽力在这本书里总结出一些我和我的学生在最后课程中讨论并领悟到的东西，来与大家一起分享。

2010年的春季，哈佛毕业班学生邀请我为他们做毕业演讲，请我向全体学生阐述如何把这些理论运用于人生规划和生活中。当时，我因为化疗而头发稀疏，我站在他们面前，向他们解释我已被诊断为"滤泡性淋巴瘤"——类似曾经导致我父亲死亡的一种癌症。我也向他们表示了感谢，让我有这个机会与他们一起进行总结，总结过去我们把这些理论用在自己身上后所学到的知识。

也谈到了我们生活中最重要的事情——不是像我这样面临死亡的

人认为的最重要的事情，而是其他人每天生活中都要面对的重要事情。能与那天在场的听众一起分享我的思想，是一次非同寻常的经历。

那学期班级中的詹姆斯·奥沃斯以及担任《哈佛商业评论》编辑的凯伦·迪伦听过我的演讲后，都很受感动。后来，我请他俩帮忙，把当日我在哈佛商学院伯登讲堂里的感受总结出来，和更多的人分享。

我们三个人生于不同的时代，生活中也有着完全不同的信仰。詹姆斯是刚从商学院毕业的学生，他确切地告诉我说自己是个无神论者；我已经是一位父亲，并且已经是一位祖父了，我的信仰从第一个职业一直贯穿到第三个职业；凯伦是两个女孩的母亲，已经做了二十年的编辑，她说她在信仰和事业上处于我和詹姆斯之间。

但是我们三个人的目标是一致的，那就是希望帮助你明白这本书中分享的理论，因为**我们相信这本书的理论能够提高你的敏锐度，能够让你审视并改善自己的生活。**

书中都是以"我"的第一人称来写的，因为我是以这种方式和自己的学生、孩子来谈论这些思想的。但事实上，这本书是我与詹姆斯、凯伦合著的。

我不能承诺这本书会给你带来任何简单的答案，你自己要全力以赴才能找到答案。我花了数十载才找到答案，但这也是我生命中最值得付出的努力。我希望这本书里的理论可以在你接下来的人生旅途中帮助到你。这样，最后你在回答"什么是你这辈子最重要的东西，你将如何评价你的人生"时，就可以信心十足地给出确定的答案。

目录

序章　能飞翔，只是因为有羽毛吗

"思考什么"和"如何思考"的区别 _002
幸福的生活，离不开人生的基本理论 _008

Part 1　如何获得事业的成功

第 1 章　真正激励你的是什么 _018

激发好的动机，让我们享受工作与生活 _020
激励措施，真的能激励大家投入工作吗 _023
动因理论：比激励更有效 _026
是什么让我们真正爱上自己的工作 _031
动因理论让我们真正享受行动的过程 _035
如果你找到你热爱的工作…… _037

第 2 章　周密计划与偶然机会的平衡 _040

意外的力量：机遇往往出现在你意想不到的地方 _042

面对机遇，如何做出最佳选择 _047

我的曲折生涯 _049

"发现—驱动计划"：帮你做出最佳选择 _052

在接受一项工作之前，你准备好了吗 _057

为什么验证假设很重要 _059

第 3 章　资源配置：你的战略与设想一致吗 _062

如果成功的标尺错了呢 _064

资源配置是最关键的环节 _067

当你努力的方向与公司目标相反时 _069

错位激励的危险性有多大 _071

如何最有效地配置你的资源 _074

Part 2　好的关系，决定你能走多远

第 4 章　时光在流逝，而你丢失了什么 _084

一次壮烈的惨败 _086

好钱和坏钱理论 _089

从树苗到树荫 _091

建立牢固的人际关系有多重要 _094

你给孩子投资了什么 _098

第 5 章　奶昔被雇来做什么 _102

需要完成的工作理论——你的产品被雇来做什么 _104

再便宜点？再多点巧克力味，还是再大点？ _108

找到顾客最需要的东西 _113

学校到底是被雇来做什么的 _116

你是被雇来做什么的 _118

牺牲和付出，使承诺关系更牢固 _122

第 6 章　你的孩子还是你的吗 _126

戴尔外包带来的悲剧 _128

解析你的能力 _132

不要将你的未来外包出去 _135

清楚你的孩子能做什么、不能做什么 _137

家庭的外包式悲剧 _140

我的父母没为我做的事 _143

你给孩子留下的是什么 _146

第 7 章　经验学校 _150

他确实是最正确的员工吗 _152

"正确的员工"并不一定适合你 _156

为你的经验课程做好计划 _160

只对 5 个人开放的课程 _162

让你的孩子多经历自己的生活 _164

创造经验课程 _167

第 8 章　家庭中那只看不见的手——家庭文化 _170

家庭文化，让我们保持一致的价值取向 _172

文化如何在一家公司中形成 _174

用好的运作方式，管理好我们的家庭和孩子 _180

Part 3　如何确定你能正直一生，远离犯罪

第 9 章　仅此一次的错误 _192

边缘思维的陷阱 _194

你最终将为错误买单 _199

铤而走险的一小步 _202

100% 的坚持要比 98% 的坚持更容易实现 _206

结束语　你要如何衡量你的人生 _210

如何确定你的人生目标 _212
目标的三个组成部分 _214
我想要成为的人 _217
对目标，我们是否真的认同 _219
找到正确的标尺 _222
一辈子最重要的是什么 _225

致 谢

愿本书能够帮助你预测每一个行动的结果
克莱顿·克里斯坦森 _228

我的收获颇丰，希望你也能够如此
詹姆斯·奥沃斯 _232

从此我过上了想要的生活
凯伦·迪伦 _237

序章
能飞翔，只是因为有羽毛吗

也许很多人出于好意，告诉你要如何生活、如何选择职业、如何工作、如何让自己快乐起来。走进任何一家书店，我们都会发现许多关于如何改善生活和工作的书籍，这些书籍会直接告诉你答案。它们让你眼花缭乱、难以选择，但是，直觉会告诉你，并非每本书都说得对。要如何辨别呢？又如何知道哪些是好的建议，哪些是不好的建议呢？如何知道哪些适合自己且有效呢？

"思考什么"和"如何思考"的区别

面对人生的挑战,结果总是难以预测的。探索幸福和生命的意义并不是一个新鲜话题。几千年来,人们一直在思考我们为什么而生存。

这本书的新颖之处在于告诉你当今的一些思想家是如何解决问题的,告诉你"如何思考",而不是直接告诉你"思考什么"。如今,有一群所谓的"专家"只是提供一些答案,告诉你如何获得幸福和寻找到生命的意义,但是这些答案是否适合你就不得而知了。

本书的目的是告诉你面对问题的时候应该如何思考,告诉你思考的方法,也就是中国古人所说的"授之以渔",而不是遇到问题时直接给出答案,即"授之以鱼",因为这个答案未必适合你。

"授之以鱼"不是我写本书的目的,我认为对于生活的基本问题并不存在所谓的特效药和快速解决的方法,因此我在本书中为你们提供了一些理论工具,目的是教给大家如何才能根据具体的情况做出最好的选择。你将在本书中学到最新的"思考方法",从而学到如何去正确地思考,为自己找到问题的答案。

我是在1997年了解到这种思维方法的威力的。在我的第一本书《创新者的窘境》出版之前,我接到了安迪·格鲁夫——当时英特尔公司董事长的电话,他说他看过我早期关于破坏性创新的学术论文,邀请我去圣克拉拉县给他和他的高层团队讲一讲我的研究,谈谈我的研究对英特尔公司将意味着什么。当时我还是个年轻的教授,我非常兴奋地飞到硅谷,按约定的时间出现在他的面前,格鲁夫却跟我说:"我们只能给你10分钟时间,请告诉我们,你的研究对英特尔公司意味着什么,怎么才能帮到我们公司。"

我马上回答说:"安迪,我做不到,因为我对你们英特尔公司的情况一点也不了解。我唯一能做的就是首先向你们解释理论,然后你们自己通过这个理论来剖析、审视你们的公司。"接着我向他展示了我的破坏性理论图。我跟他解释,假如某个竞争者以低价产品或服务进入某个市场,这种行为会被大部分业内人士看作卑鄙的行为,但是不管他们怎么想,整个系统却会被这种低价所打破……

我刚讲了10分钟,格鲁夫便不耐烦地打断我,说:"好了,我明白你的模式了,你只要告诉我这对英特尔公司意味着什么就好了。"(我们大部分人都和格鲁夫一样,希望专家直接给出答案,而不是自己去思考从而找到方法,这是非常危险的,因为没有人比你更了解你自己的公司。寄希望于专家给出特效药是不现实的——虽然我是哈佛大学商学院教授——但这个世界上没有所谓的特效药。)

我说:"安迪,这点我还是做不到。我需要先讲述一下这个过程是如何在另一个完全不同的行业里发生作用的,这样你就能明白了。"于是,我讲了一个轧钢业的故事:

> 以美国纽柯钢铁公司为首的一些小钢铁厂破坏了当时钢铁市场的秩序。这些小钢铁厂首先攻入最低端市场(生产钢筋或螺纹钢筋),再一步步向高端市场(生产钢板)迈进。最后,除一家之外,所有传统大型轧钢厂都破产了。

我刚讲完小钢铁厂的故事,格鲁夫就说:"我明白你的理论对英特尔公司意味着什么了……"接下来,他清晰地表达了英特尔公司将实施低价"赛扬处理器"进入低端市场的策略。

作为哈佛商学院教授,我曾经无数次被别人问到他的公司该采取怎样的策略,对于这种类似的提问交流环节,我也曾思考了许多次。大家试想一下,如果我直接告诉安迪·格鲁夫,给出他想要的答案——告诉他应该怎样考虑微处理器的业务,他就会疏于思考对他而言什么才是最重要的,同时会忽略他们公司自身所处的情况,甚至会出现比我对英特尔公司了解还少的情况。

相反,我并没有直接给他答案,只告诉他要如何去考虑问题。这样一来,他自己就做出了一个大胆的决定,决定了要做什么,并以他自己的方式去做。这就是中国人所说的"授人以渔"而非"授人以鱼",告诉方法,让人们去捕到自己想要的鱼,比直接把鱼给他们更有效果、更有意义。

与格鲁夫的这次会晤改变了我后来回答问题的方式。每当人们问我公司该采取什么策略时,我很少直接给出答案。相反,我会在脑海里把问题按我的理论过一遍,然后就知道这个理论告诉我的,很可能就是这个行动将要带来的结果。为了确保他们能真正明白我的理论,我会向他们描述这个模式是如何在另一个完全不同的行业或状况下发生作用的。这样就能帮助他们理解这个理论是如何起作用的。通常,人们会跟我说:"好的,我明白了。"这时,他们会比我洞察到的多得多,从而自己找到问题的答案。

一个好的理论是具有普遍适用性的,它是一种规律,比如什么事情导致什么结果、为什么会这样等。为了说明这点,我再举一个例子。在我和安迪·格鲁夫那次会面后的一年,我又接到了威廉·科恩的电话,他是克林顿政府时期的国防部部长。

他说他读过我写的《创新者的窘境》这本书,接着他问我:"您能否来一趟华盛顿,跟我和我的同事谈谈您的研究?"

对我来说,这是个千载难逢的机会,一生只有一次。当科恩部长对我说"这是我的同事"时,我简直惊呆了。我曾设想过一些少尉军官和大学实习生站在我面前,但是,当我走进国防部会议室时,发现参谋长联席会议成员全部坐在最前排,然后依次坐着陆军、海军、空军总司令,再往后面坐着司令以下的成员——副司令和助理。科恩部长说这是他首次将所有向他直接汇报的下属召集在一起,他要我开始讲解我的研究。

同样，我使用曾在安迪·格鲁夫那里用过的幻灯片，开始讲解"破坏论"。我刚讲完小钢铁厂是如何用底部的低价钢筋来削弱传统钢铁行业时，休·谢尔顿上将（当时的参谋长联席会议主席）就让我停下来，他问我："你不知道为什么我们会对这个理论感兴趣，对不对？"他打手势示意我看下 PPT 图，"你看位于市场最高端的钢板，那就相当于 S 国，现在他们不再是我们的敌人了。"接着，他指向位于市场底部的钢筋，继续道，"对于我们来说，低价钢筋就是本地的治安行动和恐怖主义行动。正如小钢铁厂从低端市场攻击大型集团钢铁公司时逐步推进一样，我们现在所做的一切都是围绕高端问题——S 国的情况来进行的……"

一旦我明白自己被请去的原因，我就能与他们一起探讨了。接下来我们探讨了如果使用现有的组织，而不是建立一个全新的组织来打击恐怖主义，将会有什么样的结果。参谋长联席会议成员后来决定成立一个新的组织，即在弗吉尼亚州的诺福克成立联合部队司令部。十多年来，该司令部成了美国军队的"转型实验室"，用于开发和部署打击全世界恐怖主义的活动战略。从表面上看，处理电脑芯片市场上的竞争与防止全球恐怖主义扩散完全是两码事，但实际上，从根本上来说它们是同样的问题，只不过所处的环境不同罢了。

好的理论可以帮助我们进行归类和解释，最重要的是帮助我们做出预测。信息和数据只代表过去，根据过去的信息并不能预测未来。你一定不希望经历多次婚姻才学会怎样做一个好配偶，或者等你最小的孩子都为人父母了,你才学会怎样做个好父母。这就是为什么理论如此有价值:它能解释将要发生什么,甚至在你亲身经历之前就能告诉你将要发生的情况。

举例来说,在人类试图飞翔的历史中,早期研究人员观察到,能够飞翔与羽毛和翅膀有很大关系,于是认为有了羽毛和翅膀就可以飞翔。

拥有羽毛和翅膀与能够飞翔有很大的因果关系,但这只是表面现象,当人类按照他们认为最成功的飞翔方式——绑上带羽毛的翅膀从大教堂上跳下来,并用力拍动翅膀妄想飞起来时,他们失败了。之所以会出现这样的错误,是因为尽管羽毛和翅膀与飞翔有因果关系,但想要飞翔的人并没有明白飞翔的真正原理,即没有抓住一些生物能飞翔的根本原因。

人类并不是通过制作更好的翅膀或使用更多的羽毛来实现飞翔,真正的突破是从18世纪荷裔瑞士数学家丹尼尔·伯努利和他的《流体动力学》开始的,这本书研究的是流体力学。1738年,他概述了后来有名的"伯努利原理",这一理论后来被运用在飞行当中,阐释了上升力的概念。现代的飞机飞行就是直接源于这一理论的发展和运用。

但是,即使对飞机的飞行机制有了突破性的了解,也不能让飞机在飞行过程中百分之百不出事故。当出现飞机失事的情况时,研究人员不得不问:"怎样的环境才会导致飞机飞行失败呢?是风,是大雾,还是飞行角度呢?"由此,研究人员可以提出这样的问题:"飞行员应该根据什么规则才能顺利完成各种环境下的飞行呢?"这才是好理论的特点——它通过"如果……那么……"的表述方式给出建议。

幸福的生活，离不开人生的基本理论

那么，这个基本理论与如何寻找幸福生活有怎样的关系呢？

绑上翅膀和羽毛就能飞翔，这么容易的答案显然是诱人的，但是，当我们看到这样一些答案的时候——不论它们是来自那些向你兜售方法从而保证你成为百万富翁的作家，还是来自那些鼓吹只要做到哪四点就能婚姻幸福的专家——我们都应该清楚地认识到：这些流行的看法其实是缺乏事实根据的。解决生活中的挑战需要深刻地了解是什么因导致了什么果。接下来，我和大家探讨的这些原理就可以帮助你达成目标，而不是简单地告诉你我认为对的答案。

我把曾在哈佛商学院的研究成果都运用在这本书中，这些成果均经过了全世界许多公司或组织的严格测试，它们也被运用于诸多领域的问题上，而且大部分都是复杂的问题。不过，通常一个简单的理论并不能完全解释一个复杂的问题，需要几个理论才能完全解释一个复杂的问题。例如，尽管伯努利的观点是一个很大的突破，但仍需要做其他工作——比如，了解地心引力和阻力的作用——才能充分地解释飞机飞行的原理。

这本书的每一章都会突出一种理论，也许能运用在你具体面对的挑战上。但是，正如了解飞行机制一样，生活中的问题不是总能与我们的理论一一对应。后面每章都会出现一对挑战和相对应的理论，这些都是根据我和我的学生研究得来的。我邀请你们在书中畅游时，回头看看前面一些章节的理论，就像我的学生做的那样——从多个理论角度来探讨问题。

这些理论都是强有力的工具，很多都被运用在我的生活中，我多么希望有些理论在我年轻时就认识到了，那该多好啊！那时的我也为一些问题纠结过。你们会发现，没有理论的引导，就像在大海中航行没有地图和指南针一样。如果我们不能超越眼前、放眼未来，就只能依靠机遇，依靠眼前的生活来引导我们了。好理论可以引导我们做出好决策——不仅是商业方面的，还有生活方面的。

你可能会根据已知的、发生过的或是发生在别人身上的事来做出决定，你想尽可能多地从过去发生的事情里，从研究这些问题的学者那里，从经历过你将要面对的问题的人那里吸取教训。但是，这些都解决不了你面临的基本挑战，包括该接受哪些信息、采纳哪些建议、在未来的征途上该忽视哪些问题。如果你用强大的理论来预测将来要发生的事情，成功的胜算就会大得多。

因为人们想知道"什么事情导致什么结果",所以我便在书中道出了这些理论。这些理论已经被全球大大小小的许多组织严格检验并使用过了,它们可以帮助所有人在每天的生活中做出正确的决定。

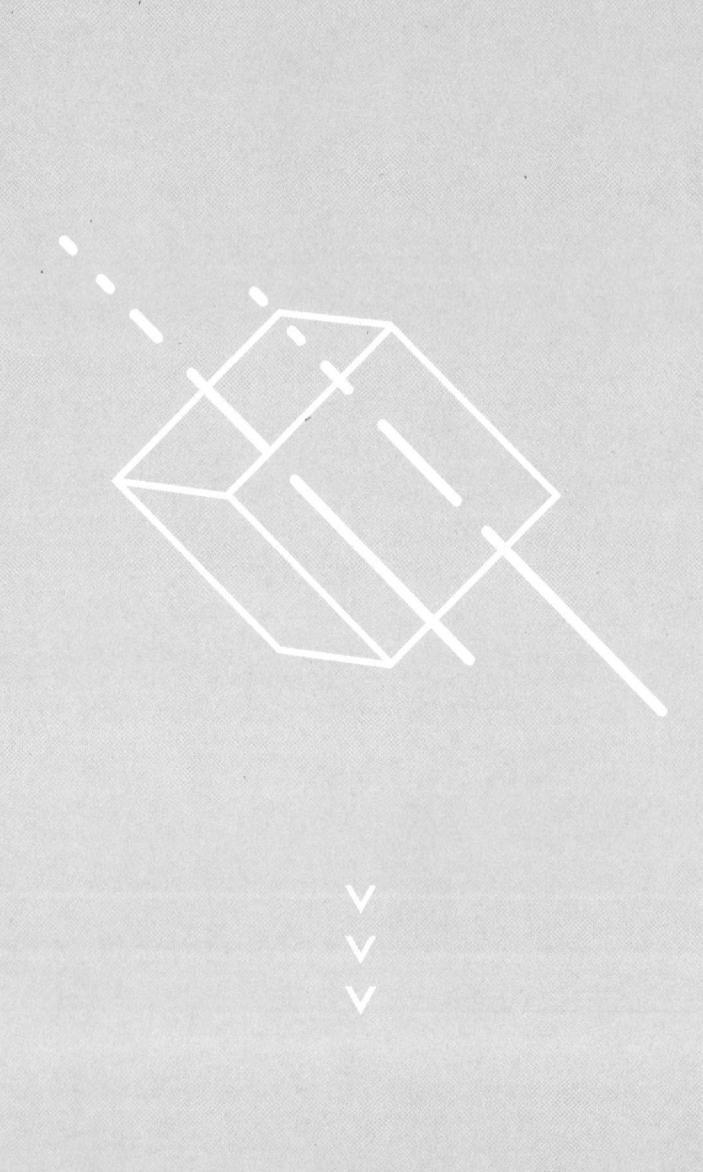

Part 1
如何获得事业的成功

　　唯一让人有工作满足感的方法就是从事你认为伟大的工作，而通向伟大工作的唯一方法就是爱上所从事的工作。如果还没找到这种工作，那就继续找。不要将就，要跟随自己的心，总有一天你会找到的。

——史蒂夫·乔布斯

当你10岁的时候，有人问你长大了想做什么，那时候，似乎一切皆有可能，比如当宇航员、考古学家、消防员、棒球运动员、美国第一位女总统等。总之，怎么开心就怎么回答，没有限制。

　　事实上，只有少数人志在必得，从不忘记要做对自己而言真正有意义的事。随着岁月的流逝，大多数人都把梦想丢弃了。我们将就着做一些出于错误理由选择的工作，并且开始接受"从事我们真正喜欢的工作是不现实的"这一观点。

　　有太多的人沿着妥协的道路走下去，永不回头。想一想，你醒着的大部分时间都花在工作上，超过生活中任何其他事情所花的时间，这种妥协会慢慢侵蚀你的心灵。因此，你不要任由自己向命运低头。

　　当我返回学校从事教育事业之前，也曾在社会上工作几年。长期以来，我几乎不相信会有这种可能，而对于我而言，没有比现在所从事的工作更合适的了。每天我都在想我是多么幸运啊，能够从事自己喜欢的工作。

我希望你们也能体验到这种美妙的感觉——每天早上一醒来，想到自己能从事现在的工作就感到幸福。我会在这一节和下一节里谈到怎么制定战略，从而可以做到这一点。

战略是什么？战略最基本的意思就是你想实现怎样的目标，以及如何来实现这个目标。在商界，战略是受多方影响得出的结果。比如：对公司而言什么是重要的；在发展过程中，面对机遇和威胁，公司会做出怎样的反应；怎样分配公司宝贵的资源等，公司不断把这些因素结合进来，最终得出它的战略。

在此之前，你可能最多就只会花一分钟时间来想这个问题。我们都有自己的职业计划。与此同时，我们既会面临机遇，也会碰到威胁，机遇和威胁会让我们措手不及。那我们该怎样分配自己的资源呢？比如怎样分配时间、才能和精力？也就是说，我们如何为生活制定一个切实可行的战略呢？有时这一战略非常接近我们的意愿，但是当我们真正付诸实际行动时，得到的结果却往往与初衷大相径庭。

战略管理的艺术并不是简单抑制最初并没有包含在计划内的部分。在那些我们没有预料到的机遇和威胁中，几乎总有更好的选择，比我们当初的计划还要好，所以我们需要做出对自己最有利的选择，然后再去管理和丰富我们的资源。

接下来的章节都是为了帮助你改变观念，回答好如何才能找到幸福的工作这个问题。

首先,我们要讨论一下"重点"原则。事实上,"重点"就是你做决策时的核心标准,即职业中对你而言最重要的是什么。问题是我们在工作中考虑最多的事情,通常与真正让我们感到幸福的事情不一致。更为糟糕的是,往往直到为时已晚,我们才注意到这种不一致。

为了避免发生这种错误,我想探讨一下什么才能给人真正的激励这个话题。

其次,我会讨论如何平衡已经制定的战略和突然出现的机遇之间的关系,以及面对生活中从未预料到的机遇和威胁,如何找到我们真正热爱的工作。当然,会有人站出来说"你们应该每五年做一个生活规划",还有人会说"我就喜欢车到山前必有路,这种方式很适合我"。在现实生活中,这两种方式都存在,这里我不想讨论孰优孰劣,而是想利用我们的研究,着重探讨应该以哪种最佳方式来形成我们的计划,同时如何应对意外发生的情况。

最后是执行,它是我们投入资源后,实施战略的唯一途径,因为光有好的想法是不够的。如果你既不投入与目标相匹配的时间和金钱,也不投入才能,那么就无法实施你的战略。生活中,总有很多事情不断地占用我们的时间和精力。怎样决定资源分配才能满足那些需求呢?许多人都掉入了这样一个陷阱,他们把时间花费在喊口号最响的那个人身上,把才能用在能最快见效的那件事情上。这样的策略是非常危险的。

所有这些因素——"重点""根据机遇权衡计划""分配资源"三

者结合起来就形成了你的战略,这个过程是连续的。即使你的战略已经成型了,你仍会认识新事物,也会发现新问题,面临新机遇。信息也会不断回馈,整个周期不断循环。

如果掌握并管理好了这个战略过程,你就可以实现你的目标——从事你真正热爱的工作,在你的工作中找到幸福。

第1章
真正激励你的是什么

如果不清楚什么是真正激励我们的力量,就不可能进行与幸福相关的、有意义的谈话。当我们发现自己身陷不快乐的职业,甚至是不快乐的生活中时,通常是因为我们从根本上误解了,或者根本不知道真正激励我们的动力是什么。

激发好的动机，让我们享受工作与生活

当我在经营 CPS 科技公司（这家公司是我事业初期和几个麻省理工学院教授一起组建的）时，我顿悟了激励我们的真正动力是什么。

那是一个夏日的星期六，公司组织员工及其家庭成员在我们实验室附近的一个公园进行野餐聚会。这次聚会没什么特别的地方，但却是一个让我对同事们的生活有直接的多方面认识的好机会。

人都到齐之后，我站在外围看着大家，本来只是想看看每一家都有哪些人。忽然，我的余光看见戴安娜——我们的一位科学家，还有她的丈夫，正与他们的两个孩子一起玩。戴安娜在实验室担任重要职务，是实验室里的化学分析师。她的工作就是帮助其他科学家使用公司的专用设备，这样科学家们就能知道他们制作的混合物有哪些成分。也就是说，有时团队里有二十个左右的科学家等着戴安娜测试的结果，这会令一些科学家感到很焦虑，因为每个科学家都希望最优先进行自

己的测试。但这更令戴安娜焦虑，她原本想帮助每个人，可因为我们公司刚刚起步，不能无限制地购买设备，设备有限，而戴安娜每个工作日也只有十个小时可以用，所以她的每一天都充满了势力争夺。

我此刻看到的情形却与此大不相同，反而给我留下了深刻的印象——我看到了戴安娜和她的丈夫以及两个孩子脸上流露出来的爱。我看着她，开始展望起来，想象戴安娜置身于自己生活环境中的情形：在她的家里，她不再是一位科学家，而是一位母亲、一个妻子；她的情绪、幸福感以及她的自我价值感都对这个家有着极大的影响。

我甚至想象着她早上和家人道别去上班的情景。然后，我的脑海里出现戴安娜十个小时后从公司回到家里的样子，假设她那天过得很糟，觉得自己不被欣赏、满怀沮丧、丧失尊严、没有学到新东西，那一刻我似乎看到，她在工作中的消极情绪影响了晚上在家与丈夫、孩子的交流。

接着，我在脑海里把场景快速切换到另一天——一方面，戴安娜被手头的实验所吸引，愿意继续留下来工作；另一方面，她如此殷切地期盼能与丈夫、孩子共度时光，渴望回家享受美好时光的迫切心情溢于言表。

在我看来，这样的一天里，她比平时更有自尊、更自信地驱车回家——她感觉自己学到了很多东西，因为获得有价值的成果而得到了积极的肯定和认可，并且公司的几位科学家在一些重要的项目上获得了成功，而她在中间发挥了重要的作用。我似乎能看到她那天下班后走进家门的情景——因为备受尊敬,她表现得自信满满,这对她与丈夫和两个可爱的孩子之间的交流产生了深刻的影响。同时,我还知道第二天她是带着怎样的心情去上班的,一定是很有动力、充满活力的。

这给我上了一堂令我印象非常深刻的课。

激励措施，真的能激励大家投入工作吗

六年后，我作为一名教授，站在哈佛大学教室的讲台上，给学生讲授"科技与运作管理"课程，这是所有工商管理硕士读一年级时的必修课。

那天，在课堂讨论环节，我们把一家大的物资公司拿来做案例。有个学生建议，为了解决与最关键的一个客户的冲突，让工程师布鲁斯·史蒂文斯——一位关键性的工程师来处理这件事，除了让他继续其他工作，还需要把这件事作为重点来处理。我问她："单独来看，让他处理这件事是合情合理的，但是让他把这件事作为重点，优先于其他所有塞得满满的工作来处理，是不是有点困难呢？"

"那就给他点激励措施吧！"她说。

"哦，说起来简单，你想好应该给他什么激励措施了吗？"我问她。

"如果他能按时完成这项工作，就给他发奖金。"她回答。

"问题在于，"我说，"他是不是还有其他要负责的项目？如果他把这项工作作为重点来处理了，但是其他项目又落后了，那你又打算怎么做呢？是不是还要给他另外的奖金来刺激他，让他更卖力地做其他工作呢？"我指着这个案例中描写布鲁斯的一句话，上面写着："他显然是一个自我驱动型员工，通常每周工作七十小时。"

我的学生告诉我她就是想采取这种做法。于是，我又继续给她出难题，问她："所有员工都看到你给布鲁斯发奖金了，他们是不是也会要求你以相似的方式来对待他们呢？如果都这样会出现什么结果呢？你是不是觉得每给他们安排一次任务都要拨一笔专用奖金？公司体系会不会变得零零散散？"我又指出：在这个案例的公司中，最典型的工程师就是每天都卖力工作，没有任何激励措施。"他们看起来只是因为热爱自己的工作，对吗？"我问道。

另外有学生补充说："我认为你不该给布鲁斯激励措施，这样做违背公司政策。公司通常只给业务部门经理发绩效奖，而不是给工程师发奖金，因为工程师的工资里通常都包括了奖金和基本工资。况且，员工们只对自己这部分工作负责，如果给激励措施会让公司乱套的。"

我继续道："我是不是可以这样理解你的话——在这家公司，许多高级管理人员过去都是工程师。他们在做工程师的时候，都是因为喜欢这份工作才做的，所以他们不需要激励措施，是吗？如果你给工程师发奖金，那么会产生什么后果呢？当这些工程师升职为高级管理者时,他们是不是就会变成另外一种人,即只有奖金刺激才会卖力工作的人呢?你是不是要告诉我这些呢?"

随着那天课堂讨论的继续,我感觉到自己和一些学生之间的分歧在扩大。在他们看来,似乎只要有激励措施就能玩转世界,但是之前我和戴安娜,还有其他以前的同事共事的经历告诉我,事情并不是这样的。

为什么我们看待工作最根本的需求会有如此大的差异呢?

动因理论：比激励更有效

我想答案就在于：人们在理解彼此关联的激励措施与动因的概念上，有一条深深的鸿沟，人们对这个问题的看法形成了两大阵营。

1976 年，经济学家迈克尔·詹森和威廉姆·麦克林发表了一篇论文，我想第一阵营的人（认可"经济刺激是主要激励因子"的人）都会记得这篇论文，它是过去三十年来被引用得最多的一篇文章。这篇文章是关于激励论的，它的观点是：为什么管理人员不能按股东利益最大化这个原则来处理事情呢？正如詹森和麦克林所看到的一样，根本原因在于人们只会拿多少钱办多少事。要使这种状况得到转变，就必须让管理人员的利益与股东的利益保持一致。这样一来，如果股价上涨，管理人员拿到的薪酬也更丰厚，皆大欢喜。尽管詹森和麦克林没有专门主张要支付高额薪酬，但他们还是认为只有通过经济刺激，才能使管理人员关注他们希望关注的重点。事实上，取得好的业绩已经被用来当作薪酬急剧上涨的理由，只是披着"统一激励机制"的外衣。

不仅我的学生相信这套理论，就连许多管理者也采纳了詹森和麦克林的看法——他们相信如果你想说服别人按你想要的方式做事，只要你给钱，你就能在需要时让别人按你的意思来办事。这个原理很简单，是可以衡量的。也就是说，你只要套用公式来管理就行了。为人父母者也有默认这种观点的，他们认为物质的奖励最有效，能够促使孩子们按父母的想法来做事，比如，孩子每得一次"A"，就奖励他一些零花钱。

要探索一个理论是否可信，最好的方法就是找出异常现象，即找出用这个原理无法解释的现象。还记得我们前面讲过的鸟儿、羽毛和飞行的例子吗？早期的飞行家在最初分析飞行的过程中，可能已经看到一些警告信号，发现有他们的理论没法解释的地方。例如：鸵鸟有翅膀和羽毛，却飞不起来；蝙蝠有翅膀，没有羽毛，却是飞行能手……可是这些并没有引起他们的重视，他们认为这些现象没什么大不了的，结果使得人类早期的飞行并不那么顺利。

这种激励论的问题在于，它们解释不了非常明显的异常现象。例如，世界上最勤劳的人在为非营利性机构或慈善机构工作——他们有些在你想象不到的艰苦条件下工作，如灾后重建地区、饥荒国家、遭受洪涝灾害的国家……他们如果在私营企业工作，原本可以得到更多，但是他们却选择了报酬非常少甚至没有报酬的工作。还有，人们很少会听说哪个非营利性机构的管理者抱怨员工没有工作动力。

你可能会把这些人都当成理想主义者，不考虑在内。但是，想一想军队，它也会吸引到杰出的人才，许多英雄把自己的一生都奉献给国家，为国家服务，身处险境的他们不会因为有风险就得到比别人多的经济补偿，军队里的工作根本算不上什么高收入。但是，在很多国家，包括美国，军队被看作效率很高的一个组织，并且很多在军队里工作的人都有很强的工作满足感。

如果钱不是他们行动的动力，那么他们的动力究竟是什么呢？

这里，我就来谈谈第二个学派——通常被称作"二因论"或"动因论"——它刚好与激励论相反。它承认要得到想得到的需要付给人报酬，但物质激励不是真正的"动因"。人们做某件事真正的动因是：发自内心地想去做。这样，不论你身处顺境还是逆境，动因都将持续。

在动因论方面，弗雷德里克·赫茨伯格也许是最有洞察力的作者之一，他在《哈佛商业评论》上发表了一篇有突破性见解的文章，专门讲述了这个理论。虽然他是为经营企业的管理者写的，但是他对动因的发现也同样适用于我们所有人。

赫茨伯格特别提到：通常认为工作满意是一个持续性的过程，它涵盖了下面整个过程——开始时很开心，但一直走下去，到最后几乎可以用"悲惨"两个字来形容。事实上，我们大脑的工作方式并非如此，应该说，满意还是不满意是两个分开的、独立的衡量标准，这说明你有可能同时既爱又恨你的工作。

让我来解释一下吧！这个理论包括两种不同的因素：基础因素和动力因素。

在工作中，出于一些基础因素不能达到我们的预期，会让我们感到不满。这里所说的基础因素包括地位、薪水、安全保障、工作条件、公司政策等，这些都很重要。

基础因素不好就会给人带来不满，所以你必须解决坏的基础因素，确保你不会对工作不满。

有意思的是，赫茨伯格断言薪水是一个基础因素，不是动力因素。欧文·罗宾斯——一名成功的首席财务官，也是我们薪酬委员会的董事会主席——曾向我建议说："薪金是个死陷阱。作为总裁，最希望的是能把每个员工的工资单贴在布告栏上，听到每个员工说'我当然希望自己比别人待遇高啦，但该死的是，你瞧这工资单，很公平啊'。克莱顿，你可能觉得管理公司很简单，只要有激励措施或给奖金就行了，但是如果有员工认为他比另外一个人工作更努力，拿的钱却很少，这就等于把'癌症'传播到了整个公司。薪水是基础因素，必须不出差错，但你只能期望员工不会因为薪水对其他同事或公司感到愤怒。"

赫茨伯格这个研究很重要，而且见解深刻——如果工作的基础因素得到了改善，你不会立刻爱上这份工作，最多是不再讨厌它罢了。**与工作不满对立的并非就是工作满意，只是没有不满，工作满意和没有不满是两回事。**这就好比"没有不喜欢一个人"和"爱上这个人"

是两码事一样。解决了基础因素，如有安全舒适的工作环境、与上司和同事的关系融洽、有足够的钱照顾家庭——如果没有解决这些，你就会感到对工作不满，但是单有这些还不足以让你爱上你的工作——它只能做到让你不讨厌这份工作。

是什么让我们真正爱上自己的工作

那么，真正让我们非常满意并爱上工作的因素是什么呢？那就是赫茨伯格研究中的"动力因素"。动力因素包括：有挑战性、获得认可、责任感、个人成长。出于工作本身的因素，你感觉做了对工作有意义的贡献。动力因素很少与外在刺激有关，更多的是跟自己的内心和工作的内在状况有关。

希望你的生活也有过这样的经历，能满足动力因素的要求。如果经历过，你就会认识到这种工作与只有基础因素的工作是不一样的——它会不断向你强调，让你觉得这份工作很有意义，既有趣又有挑战性，让你变得越来越专业，还有机会变得越来越有责任感。这就是动力因素在起作用，它让你爱上所从事的工作。我希望我的学生能够坚持住，直到找到这样的工作，因为这样的工作会让人每天一想到要去工作就兴奋不已，与那种每天一想到要去工作就心烦的感觉有天壤之别。

透过赫茨伯格理论分析的镜头，我真正理解了有些哈佛学生毕业后的职业选择。大部分同学发现他们的职业让自己很有动力，但同时我也觉察到一些同学还没有找到让自己有动力的工作，而且为数不少，令人不安。怎么会这样呢？为什么看起来叱咤风云、好像世界都踩在脚下的人，做出了慎而又慎的选择，最终却不满意自己的工作呢？

赫茨伯格的著作可以给我们一些解答。许多和我同辈的人把基础因素当作选择职业的首要标准，经常把收入多少看得最重。他们这样做的理由很多，也很充分。很多人把教育当作一种投资：放弃本来可以用来工作赚钱的大好时光去学习，而且通常还要贷一大笔款来支付在校费用，有的还要兼顾赚钱养家——正如我本人曾经历过的一样，对自己一毕业就要肩负多少债务一清二楚。

但是我依然清晰地记得，当初很多同学是带着各种原因来上学的。他们在入学考试的作文里写上了各自的理想，有的希望通过受教育来解决世界上最令人头痛的问题；有的则希望成为企业家，拥有自己的生意。

由于我们都要考虑毕业后的计划，大家会定期互相挑战，同时尽量坦诚回答。一个会问："咱们做点真正喜欢的事怎么样？难道这不是你来这儿学习的初衷吗？""不用担心。"另一个回答道，"只要两年时间，等我还了贷款，经济条件好起来了，我就去追逐我的梦想。"

这个说法并非没有道理，我们都面临着压力——都要养家，满足父母朋友的期望，有的或许还要满足自己的期望，还要和邻居看齐——确实艰难。在我那些学生的案例中（一直到现在的许多毕业班），有些人是为了应对这些压力，才选择了目前的工作，如当银行家、基金管理人、顾问等，虽然这些工作是其他人十分看重的，但却不是他们喜欢的，他们缺乏工作热情，表现平平，而另外一些人很热情地选择了这些工作——他们是真正热爱自己所从事的工作，并且干得很出色。

前者选择工作的初衷是得到好的经济回报，认为只有这样才对得起花高昂学费拿到的学位证书。从事这些工作，他们就可以设法还上读书时的贷款，有能力支付按揭贷款，让家人过上舒适的生活，不用担心经济压力。但是，不知为什么，他们早期曾信誓旦旦说要真正做回自己热爱的工作，现在几年过去了，时间总是被不断往后拖。"只要再多等一年就……"或者"现在我不能确定除了干这个，还能干什么了"。同时，他们的荷包越来越鼓，收入也越来越高了。

然而要不了多久，他们中就有一些人会私底下承认自己已经开始抱怨现在的工作了，因为现在他们意识到自己选择这份工作的理由是错误的。更糟糕的是，他们发现自己已经深陷其中，难以自拔了。他们曾为了拿到这份薪水极力调整自己的生活方式，现在很难回到从前了。早期他们不是根据真正动力因素而是根据基础因素做的选择，现在找不到摆脱的出路了。

我的观点并不是说钱是没有职业幸福感的根本原因，我要说的是，当赚钱成了高于其他一切事情的重点时，当基础因素得到了满足、追求仍停留在赚更多的钱时，问题就出现了。即便是一些专门从事跟钱打交道的职业，比如做销售员和交易员，也要遵循动力因素规则。只不过在这些职业中，钱成了衡量成功与否的标尺罢了。

举个例子来说：

> 交易员会感觉自己非常成功，他的动力就是能预测世界将要发生的事，再根据预测下赌注。做得对就总能赚钱，让他们感到成功。与此相似的是，如果销售人员能够说服客户购买自己的产品和服务，并且使客户相信这些产品和服务能给其生活带来帮助，他们就会感觉自己很成功。

我们应该明白，不是有些人与我们有什么根本的不同，只不过人们衡量是否有意义或开心的标准有差异，这个理论对每个人都适用。

赫茨伯格的理论指出，如果动力因素起作用了，你将会爱上自己的工作，即使赚不到大把的钱，你也会变得积极起来。

动因理论让我们真正享受行动的过程

当你真正明白驱动人们的动力是什么时,做任何事情都会受到启发——不仅仅是对职业方面的启发。

我的两个孩子让我领会了赫茨伯格动因理论一个很重要的方面。我们购置第一套房产时,就看到后院有个地方最适合做儿童游戏屋。因为马修和安正处于适合玩游戏的年龄,于是我们就开始全力以赴,投入这个搭建游戏屋的项目中了。我们花了数周的时间挑选木材,拾捡屋顶板和墙面板,然后建好台子、墙面、屋顶。

大部分工作都是我来做,只有最后的工作让他们完成。当然,琢磨哪个地方该用锤子敲一下,哪个地方又该用锯子锯断,花去了我们更多的时间。不过,看到他们那满脸自豪的样子,我感到很开心。每当有朋友过来玩时,他们俩会首先带着朋友到后院看游戏屋建得怎么样了。而每当我回到家里,他们问我的第一件事也是什么时候可以继续开工。

但是，当游戏屋建好之后，我很少看到孩子们在里面玩。事实上，他们的真正动力不在于有没有这个游戏屋，而在于建造游戏屋这件事，以及做这件事给他们带来的满足感。

我原来以为重要的是目的，现在才发现过程更重要。

我认为再怎么强调动力因素的力量都不为过，这些动因包括成就感、学到东西的感觉、得到成长和进步、成为团队主力队员、取得有意义的成果，等等。想到我差点买了整套东西来装扮这个游戏屋，我就后怕——真的很有意思。

如果你找到你热爱的工作……

在描述动力因素和基础因素扮演的角色时，我顿悟了人们怎样才能事业有成，并在事业中找到幸福感，这个领悟很重要。过去我总认为，要是你注重人，就要去研究社会学或者类似的东西，但是，当我在脑海里浮现戴安娜因为工作状态不同，回家后的表现也不同的时候，通过一番比较，我得出了一个结论：**如果你想帮助他人，就要做管理者。如果干得好，管理者是最崇高的职业之一。**管理者的情况就是，每天都可以和每个为你工作的员工有 8～10 个小时共处的时间，有机会拟定每个员工的工作，因此你有机会让你的员工每天下班后，都带着和戴安娜一样良好的心情回家，过着有动力的生活。我意识到，如果动因论用在我身上，我需要确保每个为我工作的人都有动因。

我领悟到的第二点就是，金钱只能减少你的职业挫折感，然而，财富的诱惑之歌已经使一些社会精英感到迷惘和困惑了。要找到真正的职业幸福，就要继续寻找你认为有意义的工作机会，从中学到新知识，获得成功和成就，承担越来越多的责任。俗话说得好：**找到你喜爱的工作，你会觉得这一生没有一天在工作**。真正热爱自己工作的人，会认为自己做的事情是非常有意义的，他们把最好的精力投入工作，所以做得很出色。

这反过来也意味着他们将得到丰厚的报酬——从事充满动因的职业通常与经济奖励密切相关。但有时事情恰恰相反，即使没有动因也会得到经济奖励。我估计我们很难察觉出：带来钱财与带来幸福这两者的原因之间有什么差别，因为财富的诱惑之歌已经使某些社会精英感到迷惘和困惑了。在评估不同工作带来的幸福感时一定要小心，不要把因果关系弄混了。

幸亏，随着时间的推移，这些动因在各个职业里都很稳定——给我们指出了"正北方"，并由此重新校准，沿着职业轨道走下去。我们应该时刻铭记在心：超过一定的临界点时，改善基础因素，如钱、地位、薪水、安全保障、工作条件、公司政策等都只是幸福的副产品，而不是产生幸福的原因。

对于我们大多数人来说，最容易犯的错误就是，把重点放在努力获得职业成功的有形陷阱里。拿更高的薪水、得到更有声望的头衔、有环境更好的办公室，这些都是朋友和家人能够看得见的标志，标志着我们职业上"成功了"。但是，一旦你发现自己关注的是工作中的有形部分，你就是在冒险了，像我的同学那样，追逐海市蜃楼。如果你把下一次加薪变成让你快乐的原因，那么这就是一种无望的追逐了。

动因理论建议你：问自己不同类型的问题，而不是总问自己过去问过的问题。比如说，问自己：这份工作对我有意义吗？这份工作将会给我带来发展机会吗？我还能继续学习新东西吗？我有机会得到认可、获得成就吗？我将会被赋予更多责任吗？这些才是真正驱动我们的动力。一旦你清楚了这点，什么是你工作中最重要的就会越来越清晰。

第 2 章
周密计划与偶然机会的平衡

了解驱使我们的动力是走向成功的关键一步，但只了解这一点，你只是成功了一半。事实上，你必须找到一种既能给你动力，又能使基础因素得到满足的职业。可是，如果真有那么容易，我们每个人岂不是都已经在从事这样的职业了？事实上，很少有这么简单的过程。管理好整个过程很重要——要把对人生志向的追求与偶然机遇平衡好，并在这个过程中做好管理。战略管理过程往往决定公司的成败，对于我们的职业来说也是如此。

意外的力量：机遇往往出现在你意想不到的地方

早在20世纪60年代，日本本田公司管理层就做出决定，试图在美国摩托车市场占得一席之地。美国市场历来被少数强大的品牌摩托车公司主导，如哈雷·戴维森摩托车公司，还有一些欧洲进口品牌公司，如凯旋汽车公司。本田公司的战略是：生产可以与竞争对手匹敌的摩托车，然后以相当低的价格来销售（当时日本的劳动力非常便宜）。它理应能从欧洲摩托车进口市场抢走10%的份额，但是事实却表明，这种做法几乎把本田公司给毁了。

在开始的几年里，与哈雷摩托车相比，它的销量少得可怜，因为当时本田这个牌子似乎就是穷人用的。更为糟糕的是，本田公司发现它的摩托车漏油——美国人都喜欢骑快车，跑很远的路程，这个现象很典型——这是个大问题，然而本田在美国的经销商没有能力对此进行维修，于是，本田公司不得不花掉在美国那点本来就很紧张的资金，把有问题的摩托车空运到日本去维修。即使这样做会把美国分部的现金全部用光，本田公司仍然坚持做下去。

除了销售大型摩托车外，本田公司还运了一些较小的摩托车到洛杉矶，但事实上，当初没有人认为美国顾客会购买这种小型摩托车，当时人们都把这种车叫作"超级幼兽车"。这种车在日本主要是为商店送货的城市配送车，通常这些商店都位于狭窄的道路边上，路上车水马龙，非常拥挤。总之，这种车与美国摩托车发烧友看重的类型完全不同。随着本田在洛杉矶的资源变得日益紧张，开始允许员工在市里用这种"超级幼兽车"当跑腿工具。

星期六的一天，本田团队有个成员骑着他的"超级幼兽车"来到洛杉矶西边的山上，由于山路崎岖，车子一上一下地颠簸着，他很享受这种感觉——在这蜿蜒的山路上，他可以把满腹的挫折感都发泄出来，要不是那个失败的大型摩托车战略，他现在就不会被赶到这座山上来了。

接下来的那个周末，他邀请同事一起加入他的行列。其他在场的人看到本田公司的人在山上玩得那么起劲儿，就问本田员工从哪里能买到这种"越野摩托车"。尽管被告知没法在美国买到这种车，但是，他们还是一个接一个地说服本田团队成员帮他们向日本下订单。

不久以后，西尔斯公司（曾经是美国也是世界最大的私人零售企业，专门从事邮购业务）的采购员认出了本田公司的员工，他看到本田员工正骑着那个小型摩托车到处跑，便问本田员工是否可以把这款车放在西尔斯公司的销售目录上销售。本田公司管理层最初对这个想法反应冷淡，因为这会让他们偏离原本要销售大型摩托车的战略计划，尽管这个计划到目前为止还没有发挥作用。但是，随着时间的推移，他们渐渐地意识到销售小型摩托车才是本田公司在美国合资公司的生存之道。

没有人想到过本田公司会以这种方式进入美国市场——虽然它做了同哈雷等公司的竞争计划，但显然一个更好的机会出现了。最终，本田的管理团队察觉到了发生的情况，决定要拥抱这个机会——把小型摩托车作为他们的正式战略。他们按大型哈雷摩托车成本价的四分之一来定价，不再把小型摩托车销售给经典型摩托车客户，而是销售给一个全新的客户群，后来这些客户被称作"越野车骑士"。

剩下的事情，正如人们平时说的那样，地球人都知道了。我们想想，仅仅因为有一天，某个员工偶然想在山上发泄一下心中的挫折感，居然能给数以百万计不喜欢用传统型旅游摩托车的美国人创造出一种新的休闲方式，也正因为这个偶然的想法，本田公司获得了一个非常成功的战略计划——它不是通过传统的摩托车经销商来销售小型摩托车，而是通过电力设备和体育用品店来销售。

本田公司在美国建立一种新型摩托车生意的经验刚好把战略管理过程呈现出来了，战略的制定和发展演变都是在这个过程中完成的。正如亨利·明茨伯格说的那样，战略选择来自两种截然不同的源头：第一种源头是预期机遇，可以看见并选择去追求的机遇。在本田案例中，预期机遇就是美国的大型摩托车市场。当你实施某项计划、关注预期机遇时，就是在追求"周密战略"。第二种源头是意外出现的，通常是正当你试图实施周密计划或战略时，问题和机遇就同时出现了。在本田这个案例中，意外问题就是大型摩托车出了故障并由此带来的维修成本，意外机遇就是销售小型摩托车。

本田公司刚开始坚持周密计划而忽略意外的问题和机遇，是因为这样可以赢得管理层更多的关注，从而获得更多的资源。在那种情形下，本田公司的管理者必须决定是否要坚持原来的计划，要不要修改或者完全用新出现的方案来替代。

有时，他们做出的决定会非常明确，但是，通常是经过无数试验之后，才决定追求偶然机遇、解决意外问题的。以这种方式形成的战略，被称作"应急战略"。例如，对本田公司洛杉矶的管理者而言，原本在全天候的战略会议上并没有明确做出完全改变战略的决定，尚未把重点放在低成本的"超级幼兽车"上。他们只是慢慢地意识到：如果停止销售大型摩托车，就可以阻止经济大出血，刚好填补上为漏油的大型摩托车维修的成本。并且，随着一个又一个顾客向日本订购"超级幼兽车"，一条利润增长的道路就变得清晰了。

当公司领导明确做出追求新方向的决定时，"应急战略"就转变成了"周密战略"。但这个战略管理过程并没有就此停下，而是通过一个个措施，不断发展演变过来的。换句话说，战略不是对一些联系不紧密的事情进行分析，即不是在一次高级管理层会议上，根据当时能获得的最好数据及其分析来决定的,而是一个情况多样、难以控制的连续过程。

其实战略管理过程是很辛苦的,因为周密战略和新出现的偶然机遇会为争夺资源而战。另外,如果有一个真正起作用的战略,你就要有意把重点放在让每一个共同工作的人都朝着正确的方向走。但同时,这个重点又很容易演变成一件分心的事,到后来又会变成下一个大问题。

这个管理过程可能很有挑战性,难以掌控,但是几乎所有公司都是通过这个过程获得制胜战略的。沃尔玛就是另一个很好的例子。

如今很多人都认为山姆·沃尔顿——一个传奇人物,沃尔玛的创始人——是一个有远见卓识的人。他们以为他成立公司时就有了改变世界零售业的计划,但事实并非如此。

最初,沃尔顿想在孟菲斯市开第二家店,因为他认为大一点的城市就要开大一点的店,但最终出于两个原因,他选择了在另一个小得多的城镇——阿肯色州的本顿维尔开店。

据传,一是他的妻子明确地告诉他不会搬去孟菲斯市;二是他自己也意识到把第二家店开在第一家店附近,更方便分摊运费和送货费,也可以利用其他后勤服务。最后,这件事教会了他如何制定一个辉煌的战略,那就是只在小城镇开大店——抢占市场优先购买权,让其他折价销售的零售商无法与他竞争。

这个战略并非他一开始就想到的,而是出于一些偶然的因素才逐渐浮现在他的脑海中的。

面对机遇，如何做出最佳选择

我总是在考虑，我的学生或其他与我共事过的年轻人有多少认为应该制定职业规划，以及未来五年的规划呢？事实上，凡是卓有成就的人都会给自己施加压力这样做。在高中时，他们认识到要想成功就需要有具体的远景目标，并确切地知道自己这一生准备做什么。这种信念潜在地暗示他们：只有当事情变得非常糟糕时，他们才会冒险偏离这个远景目标。也就是说，只有在某种特定的情况下做这样的重点计划才合理。

在我们的人生和职业生涯中，不论我们是否意识到，都是在周密战略和意外战略间做出决定，不断行驶在前进的道路上的。两种战略方法都在努力赢得我们的心，想成为我们真正采用的战略。没有哪个方法一经提出就更好或更糟，而是要根据你走到哪个阶段来确定。明白了这一点——懂得战略是由这两种截然不同的因素构成的，并且明白环境会告诉你哪种方法最好——才能让你更好地从不断向你呈现的各种机会中做出选择。

如果你已经找到一种事业出路,既能为你提供先决条件的基础因素,又能提供动力因素,就适合做周密战略。你的目标要清晰,并且能根据现有经历知道是否值得为之奋斗。不要担心以后需根据意外机会做出调整,而要把心思放在如何最好地实现你精心制定的目标上。

如果你还没有找到这样的职业,你就要像新成立的公司一样找出路,此时需要有应急战略。也就是说,如果你处于这种情况,可以采取另外一种生活体验,并根据从每次经历中学到的东西做出相应的调整,再很快进入下一轮体验中。不断经历这个过程,直到你的战略开始运转。

随着职业经历的积累,你会找到自己热爱的工作领域,并且能够在这个领域做得很出色。但是,如果你以为只要坐在象牙塔里,把问题从头到尾仔细地考虑一遍,有一天答案就会突然跳出来,那等待你的只会是失败。

几乎所有战略都是周密战略和意外机遇结合的产物,关键是要走出去,并行动起来,一直到你明白将自己的聪明才智、兴趣和重点放在哪里。当你真正找到了适合自己的工作,就应该立即将应急战略转化成周密战略。

我的曲折生涯

也许目前我还没有找到合适的语言来描述这个战略管理过程，但我基本上就是按这个过程去做的，现在我成了一名教授——这是我喜爱的工作，而我一开始并不是从事这个职业的。

事实上，我曾经从事过三种职业：先是做顾问；然后是企业家和管理者；现在我是一名学者。我读大一时就想成为《华尔街日报》的编辑，我非常崇拜这家报社——这是我的周密战略。我的一位教授说我会是个好作家，但不要把新闻学作为我的专业。我曾经有一个很好的机会，如果我懂经济或是商业的话，可以在那个领域里从成千上万的应聘者中脱颖而出，所以我大学期间选择去杨百翰大学和牛津大学学习经济学，后来再到哈佛大学读工商管理硕士。

读工商管理硕士的第一年，我向《华尔街日报》申请了暑期职位，但没有收到任何回复，这使我备受打击。此时有个去咨询公司实习的机会，虽然不是去《华尔街日报》实习，但是我知道通过帮助客户解决有趣的管理难题可以学到很多东西，这样我对《华尔街日报》就会更有吸引力。这家咨询公司承诺如果我硕士毕业后去他们那里工作，愿意支付我第二年全学年的学费。当时，我穷困潦倒，所以决定接受这份工作，心想可以从中积累经验，到时再离开咨询公司，去报社开始职业生涯，这是我的应急战略。

不幸的是，在经过深思熟虑计划要去日报社做编辑时，我发现自己已经爱上了顾问工作。毕业五年后，正当我和克丽丝汀决定是时候开始做个真正的编辑时，一个朋友敲开了我的家门，请我和他一起创办公司。想到可以自己做生意，面对的前景正是过去这几年我帮客户解决过的挑战时，我就很兴奋。我几乎是跳起来抓住机会的，当时想，如果告诉《华尔街日报》的编辑，我已经切切实实地创办并经营了自己的公司，那么我对他们来说将是一个更好的选择。

1987年年中，恰恰就在历史上那个黑色星期一到来前不久，我们让公司上市了。一方面，我们是幸运的，在股票市场崩盘前设法筹集到了资金。但是从另一个角度来看，当时的时机太糟糕了，我们的股票仅在一天时间内，就从每股10美元跌到了2美元。市值如此之低，以致没有机构愿意投钱到我们公司。

我们也计划要筹集另一笔资金，资助项目发展下去，如果没有那笔资金，我们就会变得不堪一击。有一个前期投资者把我们的股票卖给了另一个风险投资商，他得到的股票份额足以掌控公司的未来，他想让我把公司总裁的位子让给他的人，于是我辞职了。

这是我应急战略的第三个阶段，只是那时我对应急战略还一无所知。

我失业前的几个月，曾与哈佛商学院的两位高级教授谈过话——谈论教授这个职业是否适合我。他俩都觉得有这个可能性，于是我站在了人生的十字路口。

我在想，现在我是应该按原来的周密战略追逐梦想，成为《华尔街日报》的编辑，还是应该试着走学者这条路呢？我又与另外两位教授谈论了这件事，于是，就在我失去工作的那个星期天晚上，其中一位教授打电话给我，问我第二天是否可以过去。他表示尽管那个学年已经开始了，但他们愿意为我冒一次险，并且做了个非同寻常的决定：就在那个时候、那个地点，接受了我的加入。

就在我被解雇不到一周的那天，37岁的我再次当了学生。应急战略再一次占据优势，阻止我走向当初的周密战略之路。

完成博士学习，成为教授后，我有时面临是否要迎难而上，获得终身教授的问题。那时我想，尽管我是通过应急之门进入学术领域的，但是在我内心深处认为，有必要将这条新开拓的道路变成我的周密战略。为了在这个领域获得成功，我意识到自己需要真正把重点放在这方面，当明白了对自己而言什么是最重要的时候，我就这么去做了。

如今我已经59岁，在学术界也任教二十年了，有时仍然在想是否现在是成为《华尔街日报》编辑的最后时机了。虽然进入学术界成了我的周密战略，并且只要我继续享受我所做的事情，会一直这样下去，但是我不会变态到因此就把偶然出现的机遇拒之门外。正如三十年前我从未想过会变成现在这样，谁知道下一个拐角处又会在什么地方呢？

"发现—驱动计划"：帮你做出最佳选择

"我随时会敞开大门，拥抱机会。"当然这句话说起来容易，做起来并不简单。相比之下，要知道自己真正应该追求哪种战略就难得多了。目前的周密战略是不是最好的？是否应该继续按这个战略走下去？或者是不是到时候采取另一种新出现的战略？如果十个机会同时出现，我该怎么办？理想的情况是，你不需要读完医学院才发现不想做医生，那要怎么做才能知道哪个机会最适合你呢？

有个工具可以帮助你测试你的周密战略或应急战略是不是卓有成效。为了使你的战略成功，这个工具要求你说出需要得到验证的假设条件。这个过程是简·麦克米伦和瑞塔·麦格拉思创造出来的，他们把它叫作"发现—驱动计划"，但或许我们把它说成"哪些假设条件需要得到验证，才能说明这个战略有效"会更容易理解些。

就像听起来那样简单，很少有公司会通过问这个问题来考虑是否需要追求新的发展机会，他们往往从一开始就在无意中铺设了失败的平台——他们会根据最初设想的以为会发生的情况，做出是否继续投资的决定，但是他们从没有测试过这个最初的设想是否行得通。因此，他们会发现自己沿着这个路线走得很远，他们调整自己的设想和假设以适应真正发生的情况，而不知道在还没有走得太远前做合适的选择并进行测试。

这个错误的过程通常是这样的：

某个员工或一群员工突然想到一个有创意的点子用于某种产品或服务，他们对这个点子很有热情，也希望其他同事能像他们一样有热情，但是要说服高级管理人员，就需要拿出一个商业计划来。他们非常明白，要让管理层批准这个项目，就必须让数据看起来有说服力，可是他们并不知道客户如何看待这个想法、到底要花多少成本等，于是他们只能猜测，即做出假设。为了使他们的提议得到管理层的认同，从而吸引更多的资金，规划者就必须让数据变得漂亮，于是就不得不频繁地修改他们的猜测。他们的目的就是能让提议继续推进。

如果他们的说服工作做得够好，能让管理层相信他们的想法是正确的，就能一路绿灯——顺利开展他们的项目。接下来，这个团队就可以启动他们的项目了，也只有从这时开始，他们才能把这些假设变成财务计划，才知道他们的设想是对的还是有缺陷的。

看到其中的问题没有？当到了知道最初的假设是对还是错的时候，做什么都为时已晚了。几乎所有项目的失败，都是因为在一个或多个关键地方的假设出了错，并且还在这个错误的基础上做出预测和决定，而公司没有意识到，直到这些想法或计划实施很久了之后才知道。可是此时由于金钱、时间、精力已经被分配到这个项目上了，公司也已经百分之百地投入进去——现在整个团队的人都上阵去做这个项目了，因此没有人愿意到管理者面前说："记得我们做的那些假设吗？经过这么长时间的实践，现在看来这些假设似乎不是很正确……"最终，项目根据错误的假设批准下来了，而这时，最好的出路就是反对这个项目的实施。

迪士尼为我们提供了这方面的一个反面案例：

迪士尼过去在加利福尼亚州、佛罗里达州和东京启动了主题公园的项目，都很成功。它的第四个选址是在巴黎郊区，长期以来这个项目带来的都是一场灾难。在头两年里，他们损失了将近10亿美元。为什么公司在另外三个项目上能够取得巨大成功，而在这个项目上却错得如此离谱呢？

后来人们才发现，最初的计划是根据假设制订出来的，如假设每天可能有多少游客总数，每个游客来了会停留多长时间之类的。这些设想都是根据轴心区附近规划中的公园人口密度多少，以及气候类型、收入水平和其他因素等来做预测的——这个规划假设这里每年有1100万游客。在其他项目中，迪士尼客人平均逗留3天。他们的计算模式便是用1100万乘以3，于是设想出每年有3300万"游客逗留"。并且，迪士尼还据此建立了配套的酒店和基础设施。

然而在巴黎，人们发现，第一年的确有接近1100万游客参观迪士尼，但是，平均每个游客逗留的时间只有一天。

这是为什么呢？

在其他公园，迪士尼建了45个游乐设施，因此人们可以开心地玩3天，但是巴黎的迪士尼乐园只设计了15个游乐设施，人们在一天之内就能玩遍所有设施。

由于某个人无意中做了个假设——假设巴黎迪士尼乐园和建在其他地方的迪士尼乐园一样大小——并由此得到了这个数据，而上层人员甚至连问都没有问一下："如果这个假设成立，最重要的条件是什么？怎样跟踪落实呢？"如果有人这样做了，那么也许很早以前做规划时，他们就能发现这个问题。没有人知道如果只有15个游乐设施，人们是否还会在那里逗留3天，也没有人对此提出疑问。如果事先预料到了，在开始阶段就应该紧急叫停，从而减少损失。

其实，有个更好的方法可以让人们清楚某个企划案有用还是没用——这个方法需要重新排列规划新项目涉及的典型步骤。当一个有希望的新企划案被提出来时，首先应该做一番经济预测，但是不要假设这些预测是准确的，要承认这个环节的数据只是个大概数目。由于每个人都知道数据要够漂亮管理层才会开绿灯、批准项目成立，所以你必须小心提防提案人员在数字上动手脚。

接下来，你还得要求提案小组列出一张清单，写上他们当初做预测时所根据的假设，然后问该小组成员："如果要达到企划案上写的目标，必须证明哪些假设为真？"并请他们依照重要性和不确定性列出这些假设：在最上方的应该是最重要但最难以确定的，最下方的则是最不重要但大抵可以确定的。

只有了解了所有潜在假设的相对重要性，才能给这个项目团队开绿灯，但不要按大多数公司的那种方式去做，而是要设法测试最重要的假设是否有效——让团队成员迅速以最少的开支证实最关键的假设是有效还是无效。

一旦公司清楚了起初重要的假设有可能被验证是真实的，就能根据具体情况做出更好的决定，最终决定是否投资。

这种方法的逻辑性很有说服力，当然每个人都想取得可观的数据，那么为什么还要走过场？何不为了让管理层满意，大家一起努力把数据做得漂亮呢？如果我们采用"哪些重要假设条件必须得到证实"这种方法，这个过程就变得很简单了，可以使我们的战略不会偏离轨道很远，使团队成员关注到要实现这个数据，哪些才是真正重要的。**如果我们问对了问题，通常都会很容易找到答案。**

在接受一项工作之前，你准备好了吗

你也可以用这种规划帮你考虑工作上的问题。我们都想事业成功、有职业幸福感，却总是在走得太远后才意识到做出的选择达不到自己期望的结果，而这个工具就能帮你避免这种事情的发生。

从事某项工作前，仔细地列出还有哪些事是需要别人来澄清或提供的，以便能完全达到预期，问问自己："要成功完成这项任务，先要验证哪些假设条件是真实的？"把这些假设条件列出来，想想它们是不是可控的。通常的情况是，许多要验证真实性的最重要的假设条件都与其他人有关。同样，明白下面这一点也很重要：能帮你做这些关键事情的人是不是需要牺牲自己的利益来帮你？换句话说，是不是因为要帮助你成功完成这项工作，先要假设这些人都是无私的呢？同样重要的是，问问你自己，哪些假设条件需要被验证是真实的，你才会对做出的选择感到满意？你做决策是根据外在的还是内在的动因？为什么你认为这会是自己喜欢做的呢？你有什么证据来证明吗？

在每次考虑更换职业时，你要先想想：需要被证实的最重要的假设条件是什么，要怎样才能对这些假设是否有效进行不昂贵的、快速的测试，从而确保你前面走的是一条现实可行的道路。"发现—驱动计划"能够帮助你完成这些工作。

为什么验证假设很重要

我是多么希望自己早就找到这个工具，并用它去帮助我的一个学生，避免她对第一份工作产生那种失望情绪啊！她被聘用时，那家风险投资公司（现在她已经离开了那里）的人告诉她，说他们要把公司20%的资源投资在发展中国家，这正是我那个学生希望听到的，于是她接受了这份工作。她在来我们学校前和毕业后都在亚洲与一家人道主义组织一起工作。她当时正在寻找更大的机会，在新兴国家开发新的业务，这个工作似乎非常适合她。

但后来，公司的承诺从未兑现。尽管公司领导给过她承诺，但他们并没有这么去做。每次有新任务时，她都希望是为发展中国家投资，但希望总是落空。她之前从亚洲回来时下定决心要继续在发展中国家工作，但是她在这家公司工作期间一直都是以在美国工作为主。最后，她被公司老板激怒了，觉得公司和公司领导在她人生的黄金阶段耗费了她的时间和才干，于是她离开了这家公司，一切又从头开始了。

她怎么会用一个"尚未得到验证的透镜"去评估这份工作呢？是不是一个好的开端应该要先看看其他同类型公司——那些已经在发展中国家成功投资的公司的特点？通常为发展中国家出力的公司如果在哪个国家有投资，那么它们在那里就会有合作伙伴。或许她可以在做全职之前，先选择在这家公司实习，这样就可以知道这家公司的真实情况了。

如果我的学生把这些假设条件都列出来，并且找到了测试的办法，她就有可能认识到，尽管这家公司有意向投资新兴经济体，但是完全不可能真正做到。

同样，后来的事实也证明我当初大学毕业时做出的职业选择是幸运的。要是以前就有这样一个很棒的工具，帮助我思考要实现每个摆在眼前的机会——成为顾问、企业家或学者的机会，并告诉我需要证实哪些假设条件，那该多好啊！

后来我通过结合周密战略，并不断调整应急战略，对意外机遇敞开大门，才顺利步入令自己满意的人生轨迹，我希望你也能做到。我绝不会宣称自己在职业道路上走得多么光鲜亮丽、多么完美——说不定仍然有令人激动的意外机遇在某个地方等着我呢！即便现在我已经59岁了，谁知道呢，也许《华尔街日报》有一天还会给我打电话，让我去做编辑呢！

但愿你们踏入社会时就能明白，对你而言什么是最重要的，激励你们的主要动力是什么。但以我个人的经验看，踏入社会就能找到适合自己的职业是很困难的。

我们从企业发展战略过程中了解到：人们很难一开始就做对，成功也不是依靠这个来实现的。相反，成功取决于不断试验，直到你找到一个有效的方法为止。通常只有少数幸运的企业在一开始就能找到最终将其引向成功的战略。

一旦你懂得应急战略和周密战略的概念，就会明白：想寻找事业中真正起作用的方法，帮你清楚地预见未来，简直是在浪费时间，甚至还会很糟糕，因为它有可能会使你关上心门，把偶然机遇拒之门外。当你仍在为事业考虑时，应该让生活范围大大拓宽，应该依靠自身所处的特定环境，准备好为各种机会做试验，从而为找到支点做好准备，然后继续调整战略，直到找到既能满足基础因素，又能给你动力的事业为止。

在这个过程中，你必须对自己诚实——这看起来确实有点困难，也许你很难改变，认为坚持按已知的情况实施似乎更容易。这种想法会很危险，因为你只是在拖延时间。或许几年后的某天早晨醒来，你看着镜子里的自己会发出这样的感叹："这辈子我究竟想做些什么呢？"

第3章
资源配置：你的战略与设想一致吗

你可以谈论一切你想要的人生战略，明白动力之所在，平衡好志向与意外。

机遇的关系，如果不花时间、金钱、精力在上面，最终都毫无意义。换言之，"人、财、物"的分配是最重要的，也就是商业上常说的"资源配置"。

真正的战略——无论是在公司还是在生活中——都是从大量与资源分配有关的日常决定中产生的。在日复一日的生活中，你要如何确保自己是在朝着正确的方向走呢？这要看你的资源都流到哪里去了。如果你的资源不是用在已经决定了的战略上，那么战略就不太可能实现。

如果成功的标尺错了呢

十几年前，总部设在西雅图的索诺声公司成立了，它生产手提式超声波诊断仪———一种有潜力真正为医疗保健市场带来变化的小型机器。在这台机器问世之前，大部分家庭医生和护士只能靠听诊和把脉检查病情，结果导致许多疾病未能在早期被发现。大约二十年前，专家们就通过车载超声波系统、CT扫描或核磁共振成像等技术的应用，开始为病人提供更详细的身体检查设备了，但这些设备又大又贵，索诺声手提式超声波诊断仪恰好弥补了这些缺憾。它方便医生、护士使用，可以对病人的身体做详细的检查。

索诺声有两种手提式产品，其中一种主要产品叫"Titan"，就像笔记本电脑一样大。另外一种叫"iLook"，比Titan的一半还小，价格也便宜三分之二。两种产品都有巨大的市场潜力。

iLook 的技术没有 Titan 先进，也没有 Titan 的利润高，但更方便携带。公司董事长兼总裁——凯文·古德温知道 iLook 产品会有销路，因为在它投放到市场的头六周就已经开发出了 1000 个客户。很显然，如果索诺声不卖这种产品，其他公司也很可能会开发同样小巧的产品。

古德温渴望得到第一手资料，以便了解客户对这种新型的、小巧的产品有何反映，于是，他请公司业绩最好的销售员去做销售拜访时带他一起去。

这次的拜访给了古德温一个重要的教训——这个销售员一坐下，就给客户推销 Titan，他甚至没有把掌上超声仪 iLook 从包里拿出来。15 分钟后，古德温决定加以干预。

"跟他们讲讲 iLook。"古德温催促这个销售员，但这个销售员完全没有注意到，他只是继续讲 Titan 的优点。古德温等了几分钟，又倾了倾身子，坚持说："把那个掌上超声仪从你包里拿出来！"结果这个销售员再一次忽略了他。

古德温在客户面前连续三次请他最好的销售员销售 iLook，每次都遭到拒绝。这是怎么回事呢？为什么公司总裁都不能劝说得了员工按他的要求去做呢？

这个销售员并不是刻意要对抗古德温。事实上，他是完全按照公司的要求来做的——销售能给公司带来高回报的产品。

古德温知道，这种掌上超声仪对公司长期而言有着巨大的潜力，甚至也许会超过笔记本型超声仪。问题在于，销售员的薪水很大一部分都来自提成——销售额与毛利润的一部分。销售人员从销售笔记本型超声仪中得到的提成比销售掌上型的要高得多。换言之，古德温认为销售员的耳朵听到了他清晰的指示，但是薪水系统的高声指示却钻进了销售员的另一只耳朵。

资源配置是最关键的环节

这种冲突不是有意的失察，不仅索诺声，几乎所有公司都有这种情况。这种自我矛盾的现象普遍存在，这个问题在我以前的研究中被命名为"创新者的窘境"。索诺声公司的收益表突出了所有经营过程中产生的成本，也列出了每天需要创造多少收入才能支付这些成本——想让数以百万计的人在保健产品的质量和成本方面得到改进，就不得不这样做。销售人员卖5台iLook的利润，才相当于卖1台Titan的利润。

凯文·古德温和他的销售人员全力对付的这个问题是最有挑战性的一个问题——这些看起来合理的问题其实并不合理。有时这些问题还会出现在同一个公司的两个部门之间，例如在索诺声公司，从公司总裁的角度来看合理的东西，在销售员来看就不合理了。对工程师合理的东西，比如拥有尖端性能的产品，比公司目前最好的产品还要精良，性能还要好，价格也更贵，而这刚好与公司的战略逻辑相左，因为公司希望制造体积更小、客户买得起的产品。

当同一个人需要面对下面的冲突时，会很烦恼。比如长远看来正确的决定，在短期看来并不合理；公司设定的非目标客户恰恰是合适的目标客户；公司主推的产品在市场上并不受欢迎；等等。

索诺声案例谈到了战略过程的最后一个组成部分——资源配置。

在前面一章，我们介绍了在周密计划和应急计划之间做出决定的概念，在这一章中，我们将探讨得更为深入，因为在战略制定过程中，资源配置是最关键的。资源配置过程决定了要资助、实施哪个新方案，是周密方案还是应急方案，哪个方案不应分配资源，等等。任何公司里与战略相关的事情都只是个意向，只有到了公司分配人、财、物的阶段才会有所不同。公司的愿景、计划以及机遇，所有这些威胁和问题，都想得到人、财、物方面的优先重视，相互竞争，争取成为公司真正实施的战略。

当你努力的方向与公司目标相反时

有时候，当衡量员工成功的标准刚好与公司的总体战略背道而驰时，会让原本出于好意的员工走向错误的方向。此外，当公司把短期利益放在优先于长期利益的位置时，公司也会出错。而有些时候，具体的某个人才是问题的根源。

苹果公司的事实告诉我们个人偏好和公司偏好出现差异往往是致命的。

公司创始人史蒂夫·乔布斯被挤走后，在20世纪90年代，苹果公司发行奇妙产品的能力突然消失了。没有了乔布斯在公司时的严明纪律做保证，苹果公司想要采取的战略和实际采取的战略之间开始出现差异，它开始变得漫无目的了。

例如，20世纪90年代，苹果公司曾试图与微软竞争，制造下一代叫作"科普兰"的操作系统，但却出现无数次的小错误。尽管据说这是公司的战略，但苹果公司就是无法发布这个操作系统。管理层不断告诉新闻媒体、员工和股东，这个系统有多么重要，但这个系统的研发团队却没什么感觉，工程师们似乎对设想新产品更感兴趣，他们没兴趣完成别人为科普兰给出的承诺。乔布斯不在，他们可以不受惩罚地把时间放在个人感兴趣的想法上，而不管那些想法与公司目标是否相符。最终，艾伦·汉考克——当时的首席技术官——废弃了科普兰，建议公司购买其他产品取而代之。

1997年，乔布斯以总裁身份重返苹果后，立即着手解决潜在的资源分配问题，他不再允许任何人把精力放在自认为重点的优先项目上。乔布斯将苹果又带回到原来的根本上了——生产全球最好的产品，用科技改变人们的思维，为用户提供超凡的体验。任何与这个目标不一致的建议或行动都要遭到摒弃，谁要是不听，乔布斯就会朝他大吼，甚至把他降职或开除。很快，大家开始明白，如果他们的资源配置与公司的重点不一致，他们就会遇到麻烦。最重要的是，公司内部充分理解了乔布斯的偏好，所有员工都了解对于苹果而言什么是重点。

这样一来，苹果又恢复了往日的声誉——只要它说过将要发布什么产品，就能发布什么产品。这也是苹果公司能够重新成为全球最成功企业之一的关键原因。

错位激励的危险性有多大

如果你反复研究商业失败的根源，就会发现急功近利的倾向居多，超过了靠努力获得长期成功的倾向。为了把投资放在可以立即带来回报的项目上，许多公司都专门设置了这样的决策体系，也通常都会支持这种倡议，从而削减了对公司长期战略至关重要的投资。

为了说明创新者普遍存在短期选择和长期选择之间的窘境，我们来审视一下另外一家企业——联合利华公司（世界上最大的食品、个人保健品、干洗和清洁用品提供商）。

联合利华的产品以前基本销售到成熟市场，为了扩大销量，它投资了几十亿美元，用来做突破性创新，以便给公司带来显著的业务增长。

在美国，有个棒球术语，创新者不是激发新的"本垒打"，而是年年生产"触击"和"一垒安打",为什么会这样呢?经过十多年的研究,我得出结论,这是因为联合利华以及许多这样的公司无意中教会了管理人员只打"触击"和"一垒安打"。这些公司的CEO每年从全球挑选出下一任领导人——潜力股领导,或简称"HPLs"。每个职能部门被选中的潜力股领导,包括财务部、运营部、销售部、人力资源部、市场部等,都要完成十八个月或两年一轮的任务,并接受公司对其的考察。为了训练选中的潜力股领导,CEO要在全球走动,一个一个地督导。

每当他们完成一次任务,完成的质量如何往往决定他们下一次接到的任务是否重要。一路过关斩将,成功完成一系列任务的潜力股领导会"赚到"最好的下个任务,并且更有可能成为公司下一任的CEO。

接下来,我们从年轻员工的角度出发来想一想这个问题——所有被选中参与这个项目的年轻员工都欣喜若狂,他们最想从每次任务中得到什么样的成果呢?理论上讲,他们应该希望能在公司的某些产品或流程方面夺冠,从而为公司未来5~6年的发展做出重要贡献。但是,如果他们所做的一切努力都要在5~6年后才能看到成果,到时候,只会给后来具体执行任务的人带来荣耀,而不是给最先提出这个倡议的人带来荣耀。如果潜力股领导把重点放在能在24个月内就见效、可以衡量的成果上,即使不是最好的方法,他们也知道,运作这个项目的人会根据他们对已经完成项目的贡献进行评估。这样,他们就能够得到下一个更好的机会。这种体系回报了那些决定把精力放在短期见效项目上的人，从而无意中伤害了公司的长期目标。

这种"错位激励"现象很普遍。在美国，尽管每个人都认为一系列的社会保障、医疗保险等福利计划正在把它推向濒于破产的悬崖边上，但它就是无法改变这些福利计划。为什么呢？因为美国众议院每两年进行一次竞选连任，这些国会议员都深信要拯救美国，就个人而言，需要连任才能发挥主导作用。

其实大家都知道要怎么解决这些问题，但是没有哪个议员会从自己口袋里拿出解决方案，把方案"卖给"选民。因为这么多人从这些福利计划中受益，如果谁把减少这些福利计划的方案拿出来，选民就会把这个人赶下台。尽管政界元老（已经退休，不再竞选连任的）紧挨着议员们坐着，反复敦促当前代表拿出方案来，但参选议员就是不做。

我觉得应该有人出面在毛伊岛组织一场会议，把索诺声的销售员、联合利华的潜力股领导以及国会议员们组织到一起，让他们在一起互表同情——他们都是同病相怜的人，一边被告知什么才是重点，一边又被鼓励去做眼前的事。

要想打赢这场拉锯战，并非易事！

如何最有效地配置你的资源

正如安迪·格鲁夫所说："要了解一个公司的战略，就要看他们真正实施的是什么，而不是看他们说要实施什么。换句话说，要了解一个公司的战略，看他们做什么比听他们说什么更重要。"资源配置对我们的工作和事业的作用原理也是如此。

葛罗莉亚·史坦南也把她所在领域的战略框定为："看一个人的价值观就要看他的支票簿存根，从支票簿存根上可以看出他的资源分配的倾向，从而判断这个人的价值取向。把钱用在了哪些方面从支票簿存根上一看便知。"就像那个销售员要从袋子里拿出哪个机器来推销一样左右为难，我们每天快下班时也要面对这种两难境地：是再多花半小时做些额外的工作，还是回家陪孩子玩？

这里有种方法，能为我们的生活构建战略投资框架：我们有资源（包括时间、精力、才干和财富），并试图用它们来扩大个人生活的

"业务"范围，包括与配偶或其他重要人物之间的良好关系、抚养孩子成才、事业有成，还能为附近的教堂或所在社区做出贡献，等等。不幸的是，你的资源有限，而这些领域的"业务"都在竞相争夺你的资源。正如一个企业所遇到的问题那样，你该把你的资源用在哪项追求上呢？

只有用心处理，你的个人资源配置过程才能根据大脑和内心的"默认标准"为你做出投资决策。对于企业也是如此，资源不是通过一次会议或是提前一周看日程安排来决定和配置的，它是一个持续的过程。

在配置资源前，必须通过周密的筛选来决定哪个应该作为重点，但这是个艰难的过程——即使你正在做对你而言很重要的事，仍然会有人来分散你的时间和精力，只要你有多一分的精力或是额外的半小时，就会有很多人催促你把时间、精力放在他们认为该放的地方。有这么多人和项目希望得到你的时间和关注，你会感觉难以掌握自己的命运。这样有时会有好处，就是会出现偶然的、未预料到的机会，但有时你也会被这些偶然的机会带得远离目标轨道，就像我的很多同学那样。

对于大多数人而言，他们面对的危险是会在无意中把资源放在能取得立竿见影的效果的活动上，这种现象经常出现在他们的事业当中。这些活动诸如：装运一批产品、完成一项设计、帮助一名患者、完成一单销售、上一堂课、赢一场官司、发表一篇论文、得到一些报酬、升职，等等，而这些活动往往与他们的目标没有关系，这些人也往往难以实现自己的目标。我认为，他们之所以在实现目标的过程中遇到麻烦，是因为他们没有正确地分配资源。

他们原本是出于一番好意——想给家庭和孩子提供最好的生活机会，但不知不觉中就把资源花在了从未料到会变成死胡同的某条小路上。他们总是优先做那些能立即带来回报的事，例如升职、加薪、发奖金，而不愿把时间花在长期的工作上，或是几十年都看不到回报的事情上，比如养育孩子成才。当他们立即获得回报时，又把这些回报花在自己和家庭追求高享受的生活方式上，如买更好的车、换更好的房子、享受更好的度假。

问题是，这些需求很快就会把个人资源配置的过程固定在原地不动——"我要花很多时间在工作上，不然就得不到升职；我需要升职，不然就……"

为了有令人满意的个人生活和职业，他们专门做出能给家庭带来更好生活的选择，于是无意中忽视了配偶和孩子，因为把时间和精力花在这些关系上，不会立即给他们带来成就感，而快速的职业通道却可以。

你可以忽视与配偶的关系，一天又一天过去，表面看起来似乎并没有恶化。每晚回到家后，配偶还在那里，孩子也总是会有新的表现不好的地方……你期望二十年后，可以两手叉腰地说："我养了一个好孩子。"但是，事情不会按照你想象的那样发生，没有付出怎么能够得到回报？

事实上，当你审视许多卓越人士的个人生活时，也经常会看到上面所提到的生活模式的影子。尽管他们认为家庭对他们来说很重要，但事实上，他们把越来越少的资源放在对他们而言最重要的事情上。

很少有人着手把资源放在他们认为最重要的事上，他们做出的决定通常看似很有策略——他们认为只有小决定不会产生较大的影响，所以不断用这种方式进行资源配置。尽管很少会意识到这点，但他们实施的战略总是与想要实施的不一样。

任何一个战略——不论是企业战略还是个人生活战略——都是从数百次日常决定中产生的，它是关于如何安排时间、精力和金钱的决定，是关于如何分配人、财、物的决定。生活中的每一个有关如何分配精力和金钱的决定，都表明了你真正在乎的是什么。你可以尽情地谈论自己的生活，谈论有什么清晰的目标和战略，但是如果你投入的资源和你的战略方向不一致，这些谈论都毫无意义。如果最终不能有效实施，你的战略只能是一个良好的愿望。

怎样确保实施的战略是你真正想要的呢？那就看看你的资源流向哪里去了，我们可以通过资源配置的过程来探究这个问题的答案。如果这个过程不能支持你的战略，那么就会有出现严重问题的风险。

或许你认为自己是一个仁慈的人，但是你多久才会有一次把时间和金钱投入慈善事业或慈善组织的经历呢？如果家庭对你是最重要的，当你考虑在各种自由支配的时间（或非自由支配的时间）里做选择时，对家人的考虑是不是你的优先选择呢？如果你做了决定，想把血汗和眼泪投入某个方面，但这与你渴望变成的人不相符，你就无法成为你渴望变成的那个人。

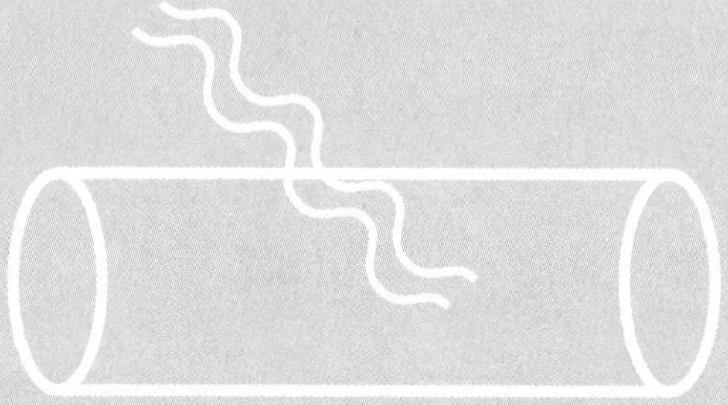

Part 2

好的关系，决定你能走多远

我生命中最幸福的时刻就是在家庭的温暖怀抱中度过的那些时光。

——托马斯·杰弗逊

到目前为止，我们把精力都放在了如何运用战略来找到职业成就感上。我一开始就探讨了所有人工作的真正动力是什么，事实上，动力就是工作中能引导我们体会到幸福感的优先事项。接着又展示了怎样在周密计划和意外机遇之间取得平衡，做周密计划也是为了找到一种能够给你动力的职业，而意外机遇也总会不时出现。最后谈到了如何分配资源，并且要保持与以上这些观念一致的方式。战略中这三部分都能做好，你就有可能找到自己真正热爱的职业。

　　我们中许多人都非常想取得成就，而事业是最能立刻衡量我们是否取得成就的一种方式。在进行资源配置的过程中，我们总是把额外的时间、精力投资到能迅速、清楚地证明有所成就的活动上，这种诱惑大得令人不可思议，而事业绝对能给我们提供这种证明。

　　但是，生活中除了事业还有很多东西。你工作时的状态和花在上面的时间将会影响工作之外和家人、朋友在一起时的状态。就我的经验而言，卓有成就的人大部分都把大量精力放在工作上，而把很少的精力放在家里。因为投资时间、精力来教育孩子，或是加深与配偶的爱，往往短时间看不到明显的回报，这就使得我们将精力和时间过多投资在事业上，而非家庭——这会让我们生命中最重要的部分缺少蓬勃发展的资源。

我们应该清楚，人生有三大问题，每个问题的答案之间又有着紧密的联系。尽管你很想把生活的不同部分分开，但其实很难做到。你的事业优先项——能让你开心工作的动因——只是生活中诸多重要事情中的一部分；你还有很多优先项，包括家庭、朋友、信仰、健康等；同样，当你走出办公室的门时，依然停不下来，你不会停止在计划和意外机遇之间取得平衡，也不会停止分配资源——时间和精力。你要为生活中每时每刻的情况做出决定。你会不断受到来自家庭和工作上的压力，要关注人、关注项目。怎样决定让谁得到什么呢？谁的叫声最大？谁最先抓住你？你必须确保分配的资源与你认为重要的事项是一致的；也要确保衡量成功的标准与你最关心的事情一致；还要确保考虑的这些事情都列在你的时间计划表里——这样做会帮助你克服关注短期目标而牺牲长远目标的自然倾向。

这可没那么容易做到，即使你知道最重要的是什么，仍然需要每天在脑海里为它打保卫战。例如，像大多数人一样，我怀疑自己会自然而然地被有趣的问题和挑战所吸引；我可以几个小时沉溺在一个问题里，解决这个问题能令我短期振奋；我也很容易工作到很晚，考虑怎么应对工作中的某个挑战；或者也会在过道里遇到某个同事便停下来进行一次有趣的交谈；或者接个电话，欣然同意完成一项全新的工作，并且会因为能看到的前景而感到兴奋。

但是我知道，这样做都与我认为重要的事项不一致，所以我不得不强迫自己要做的始终与对我最重要的事情保持一致，有时我会强制自己停下，或设置障碍和界限——例如要在每天 6 点离开办公室，这样就可以在白天有一些时间和儿子玩传接球游戏，或者带女儿去上芭蕾课——保持忠实于自己最看重的事情。

我知道如果不这样做，就会忍不住通过解决某个问题来衡量我的成功，而没有时间去爱家人。我必须告诉自己，把资源投资到这个领域才会得到长远深切的回报。工作能给你带来成就感，但是和与家人、好友培养出的亲密关系带给我们的长久幸福感相比，其就会显得很苍白。

我们会在以下各章进一步探讨这个问题，但其中一个话题应该有特殊的环境背景，即不论什么时候与人打交道，事态的发展不总是由我们控制的，用孩子来说明这一点最恰当不过。即使你用心良苦，满载着爱意，仍然很难完全控制你的孩子，因为孩子接触到各种观念的机会空前地多了，他可以从朋友、媒体和网络那里获得新信息，而父母毫无察觉。即使是意志最坚定的父母也会发现，几乎不可能控制住所有事物给孩子带来的影响。除此之外，每个孩子大脑发育情况也不一样，很少有孩子会和我们完全一样，或很相似。有些事经常来得太突然，让初为父母的人大吃一惊。我们感兴趣的事情，孩子们不见得会感兴趣，孩子们也不见得会像我们一样为人处世。

正因为如此，不是随便什么人都能给你一个通用的方法，就好比"能把胡萝卜煮软的热水会把鸡蛋煮得很硬"一样。为人父母，你会尝试在孩子身上做多方面的努力，但可能都不起作用。发生这种事时，人们很容易把这看作一种失败。我请你们千万不要一发生什么事就认为非此即彼，如果详细看过我们关于应急战略和周密战略的讨论——在计划和意外机遇之间找到平衡——那么你就会知道办错某件事并不意味着失败。相反，你只有知道了什么东西行不通，才会去尝试别的办法。

毫无疑问，我们不能把在商业领域适用的工具用在个人生活上。例如，组织机构为了塑造自己崇尚的文化可以聘用和解雇人员，但你总不能为了塑造文化的需要解雇自己的孩子吧？你也无法选择让他的大脑怎样发育吧？尽管你有时可能想过，但你总不能真的解雇他吧？（所幸的是，他们也不能解雇你！）

尽管如此，我在以下各章里提供的办法还是能够帮助到你的，因为许多工作场合遇到的问题与我们在家时出现的问题基本上性质一致。如果你想做一个好配偶、好父母、好朋友，那么接下来的这些理论将带给你更好的机会，创建让你渴望拥有的家庭和终身友谊。但是，没有什么东西能向你保证会有完美的结果，我能保证的是如果你不想不断尝试，就没法把事情办好。

与家人、朋友之间保持长久的亲密和关爱正是我们开心的源泉，是值得我们捍卫的。接下来，我们将探讨随着生命旅程的继续，怎样才能滋养这种关系，以及怎样防止这种关系遭到破坏。

第4章
时光在流逝,而你丢失了什么

与家人、朋友的关系是幸福生活最重要的源泉。不过请注意：当你认为家里一切都好，可以先放一放，暂时不用投资在这种关系上时，你就错了。而且将是个极大的错误。这种关系出现严重问题时，通常都太晚了，来不及修补。也就是说，要建立牢固的家庭关系和亲密的朋友关系，最重要的是投资时间。这种关系表面上看似乎不需要投资时间，但实际情况却不是这样。

一次壮烈的惨败

很少有哪家公司的产品会像铱星——移动电话系统那样大张旗鼓地投资。据说，这个系统能让地球上任何地方的人都通上电话，只要接进一个复杂的卫星天体系统就可以了。当时的美国副总统戈尔帮忙发布了这个铱星电话产品，方法是给亚历山大·格雷厄姆·贝尔（美国发明家）"打了一个电话"。铱星电话系统得到了全球最著名的微电子电信公司——摩托罗拉公司的大笔资助，并交由摩托罗拉管理。

公司高管和华尔街分析人士都自信地预测，铱星系统将给移动通信带来一次彻底变革，将吸引几百万的用户。铱星团队进行了广泛的研究，评估了市场。他们还设法说服世界各国政府开放卫星需要的信号频段。谁不希望当自己欢欣鼓舞地站在珠穆朗玛峰上时，能给远在美国巴尔的摩的父亲打电话呢？

他们的技术抓住了这个机遇，因为依靠发射塔转发信号给另一端以便将用户连接起来是不可靠的。如果在唯一能接通电话的关键位置附近没有发射塔，系统就会漏掉这个电话。与此相反，铱星战略是从每个用户那里向卫星发射信号，卫星再把信号发到地球，到达接电话的一方。如果用户在地球的另一端，卫星会发射信号到另一颗卫星上，这个卫星会把信号发给接电话的人。

我们仅仅演练一下"哪种假设需要得到证实"就可以明显发现其中的破绽——为了使铱星电话系统的模式起作用，有哪些关键性问题会浮出水面呢？

其中一个关键问题就是：用户是否要用公文包装着大哥大卫星电话，才能方便携带？如果用口袋和钱包装是否都不方便？因为大哥大卫星电话有一磅重[1]，原因是必须用一块很大的电池，才能把信号发射到卫星上，而不是发射到当地的信号中转塔上。

另一个需要得到证实的假设是：从珠穆朗玛峰顶端到最近的卫星，信号可能会清晰，但是远在美国巴尔的摩的父亲可能需要站在外面才能接通电话，因为屋顶会在父亲和卫星之间造成干扰，等等。

最后，摩托罗拉公司投资了 60 亿美元，在接通第一个电话不到一年的时间里，这个项目就被迫承认失败并宣告破产了。后来，几经周折，根据美国《破产法》第十一章，铱星系统被以 2500 万

---

[1] 译者注：约 0.45 千克。

美元的低价卖给了一个新的投资集团。

为什么摩托罗拉公司的高管和共同投资者会注入如此多的资金在这么有风险的一个项目中呢？有个叫"好钱和坏钱"的理论给了我们答案。

好钱和坏钱理论

投资者把自己的资金投到一家企业的主要目标有两个，一是追求成长，二是获得利润。但在实际生活当中，实现哪个目标都不是那么容易的。深入研究创新理论的塔夫茨大学教授阿玛尔·毕海德在《新企业的起源与演进》一书中写道："在所有最后能够成功的企业当中，有93%因为最初策略行不通只好放弃。"换言之，成功的企业并非一开始就照着正确的策略推进才成功的，而是最初策略失败之后，还有多余的钱可以尝试其他做法。反之，大多数失败的企业一开始就把所有的钱投在最初的策略上，就像把所有鸡蛋放在一个篮子里一样，当发现策略错误时，已无法挽救或重新开始。

阿玛尔·毕海德教授还提出了一个简明扼要的理论，即好钱和坏钱理论。在事业刚起步阶段，你或许还不知道公司策略是否能够成功，你必须耐心等候公司成长，同时把目光放在获利上面。如此一来，就可以用最少的资金找到一个可行的策略，不至于花了很多钱才知道走错了路。在这种情况下投入的资金就是"好钱"。在所有成功的企业当中，有93%都必须改变最初的策略，因此在最初策略投注资金越多、越快，也就越容易把一家企业推到悬崖边。大企业烧钱的速度将比小企业快很多，应变能力也比较差。这就是摩托罗拉付出惨痛代价学到的一课。如果投入资金之后，急于看到成长而非获利，则是"坏钱"。

然而如果一家企业确定策略不可行，此时则应该改变目标，一方面急于看到企业成长，另一方面则耐心等待获利。一旦找到行得通而且可以获利的方法，就应该立即实施。成功的关键就在于如何运用这样的模式进行扩张。

从树苗到树荫

最常违反上述原则的，很多是财力雄厚的投资人和成功的企业。他们在找寻投资新事业的时候，往往一开始就铸下大错而不自知。德里克·范·贝弗和马修·奥尔森合著的《增长拐点的预警》一书中，从三个方面来解说投资的困境。

第一，即使企业原有的生意兴隆且日益发展，投资者也需要考虑下一轮投资，也就是说，即使这家企业的核心业务实力雄厚，也需要不断追求更多的投资。投资者需要给新思路、新项目留出时间，找到可行性的新发展战略。但是投资者一般都会推迟在新思路和新项目上的投资，因为新的战略当下看起来还不知道能否确定。

第二，随着企业的发展，原先的核心业务已经成熟并停止增长，投资者才突然意识到早在几年前，他就应该投资下一个增长型业务。这样当核心业务停止增长时，下一个增长引擎和利润引擎已经被当作现在的增长引擎和利润引擎了，可眼前却没有这种引擎。

第三，投资者要求他投资的企业要越做越大，发展越来越快。如果某项风险投资产生4000万业务量，还想继续在下一年度增长25%，就需要找到1000万的新业务，这种利害关系和压力变得巨大无比。为了加快速度，股东们将大量资金投到这些倡议上，但是用来激励企业家的那93%的时间和大量的资本使得他们恣意冒进，追求错误的战略。每当有一个这样的新公司以最快的速度从悬崖上掉下去时，分析家就会为这个失败的企业编造一个独特的故事。

这个理论就解释了为什么本田公司最终成功打入了美国摩托车行业，但摩托罗拉却败在了铱星系统上面。

具有讽刺意味的是，本田之所以成功，是因为本田公司早期在财政上很紧张，被迫要在找到获利的模式前对增长有耐心。如果本田公司原来就有很多资金可以资助它在美国的运作，它是否还会在不太可能赚钱的情况下投入更多的资金，继续追求大型摩托车战略呢？而对一项投资而言，那就是"坏钱"了。但是，本田几乎没有选择余地，只能把重点放在"超级幼兽"这种小型摩托车上。所以，为了生存，本田需要卖小型摩托车来赚钱。本田最终能在美国做好，很大一部分原因就在于此——本田的投资是被迫遵循了"好钱理论"。

除了这个方法外，另一个选择就是把重点放在相反的策略上：为了让一项业务越做越大，增长迅速，就对这项业务进行大规模的投资，并且试图找到能让这个项目一直赚钱的方法。这就是摩托罗拉对待铱星系统的做法。历史上有很多试图走这条路而失败了的企业，这条道路几乎是一条无效的"成功捷径"。

好钱和坏钱理论中描述的上述因果机制，大部分企业都有面临的那一天。只有当企业的主要业务倒下或停止了增长，急需新的收入源泉和新的利润源泉时，它们才会意识到这种因果机制。

如果一个企业一直都忽视投资新业务，直到它需要新的收入源泉和利润源泉时才注意到这点，那时就太晚了。这就好像当你决定要有更多树荫用来乘凉时才种树苗一样——那些树不可能一夜之间就长得够大、够遮阴，而是需要耐心地培植几年。

建立牢固的人际关系有多重要

从事一份要求很高的工作有时候是令人兴奋不已的，我们很多人以工作强度大为乐，喜欢证明自己在压力下能获得成功。工作、客户和同事都给我们提出了挑战，我们把自己投入这项工作中，但是为了实现预期的目标，我们开始思考自己的工作，因为它要求我们把所有的注意力都放在这项工作上——这也正是我们能为工作做到的。

例如，有时一个电话就能把我们从遥远的度假胜地召回来。事实上，我们或许从未度过假，尽管公司允许休假，但是有太多事情要做。工作成了我们怎么看待自己的一种衡量方法。无论走到哪里都要带上智能手机，不断看新闻、不断看邮件、不断看短信——似乎每一刻都在与世界挂钩，不能错过什么真正重要的事情一样。我们期待最亲近的人能够接受我们因为日程安排太满，没多少时间陪他们的事实。毕竟，他们也希望看到我们成功，不是吗？我们发现自己会忘记回朋友和家人的邮件、电话，也会忘记过去对我们很重要的生日和其他庆祝活动。

企业因为没有为未来投资而要面对因此带来的不幸后果，这样的道理也同样适用于我们个人的生活。

虽然大部分人都有一个周密战略——要与家人建立充满爱的关系，与朋友建立深厚的友谊，但事实上，人们却投资在一个从未想过的生活战略上，以至于"相识满天下，知交无一人"。有的夫妻离婚了，而且有的人还离了一次又一次；家里的孩子对他们敬而远之，或者孩子被远在千里之外的保姆抚养，孩子和保姆、老人在一起的时间远远多于与父母在一起的时间……他们忽视了要投资这部分生活，而只有这部分生活才能给我们带来永久的幸福，可是我们无法让时光倒流。

我有个邻居叫史蒂夫，几年前，他曾告诉我他一直想拥有并经营自己的生意。他曾经有很多机会找到相关工作，并从中学到东西，而且薪水也很可观，但是他从来都不愿放下自己做老板的梦想。要做老板就意味着要从相当简单的错误中学习，逐渐成立自己的公司。尽管他的朋友和家人都明白，史蒂夫做这些不是因为这对他自己很重要，而是因为他要养家。

史蒂夫很吝啬把时间花在家庭上，最终为此付出了代价。正当他的公司起步时，他的婚姻破裂了。他经历着离婚的痛苦，需要兄弟姐妹和朋友的支持时，却发现自己很孤单。他从未对家人和朋友进行过投资，所以他也得不到回报——没人故意在他需要的时候躲着他，只是他把其他人忽视得太久，以至于大家都不再亲近他，大家担心任何干预都可能会被他看作是一种打扰。

史蒂夫从家里搬出来后住到对面镇上一个小公寓。为了迎接两个儿子、两个女儿的到来，他努力把公寓弄得漂亮一些——尽管他刚结婚时总是把装饰房子这样的事丢给妻子做——他尽力弄点新花样出来，让孩子们和他在一起时过得开心，他在进行一场艰苦的战斗。现在到了他的孩子上中学的时候了，但对孩子们来说，隔一周和史蒂夫在一起度过的时光不再那么有吸引力了，因为这样就得离开他们的朋友，离开家，住到爸爸那个简陋的公寓里去——去了以后也只是出去吃个饭，和爸爸待在一起，或者去看部电影什么的，这些活动很快就失去了魅力。正当史蒂夫感觉需要和孩子们在一起时，孩子们却选择只要有可能就不去探望他。

现在他开始回想过去那些年，要是以前——在他需要从家人那儿获得回报前——不是按原来那种优先顺序，而是优先投资到与家人的关系上，那该多好啊！

史蒂夫这种情况绝不是个别情况，我们周围有不少像史蒂夫这样的人——在一定程度上，许多人都害怕自己的晚年变成这样。这就是为什么几十年来，电影《生活真美好》一直能在人们心里引起共鸣。影片中，在乔治·贝利生活最黑暗的日子里，他仍然坚持投资许多人际关系，因为他知道这对他很重要。影片的最后，乔治·贝利意识到尽管他现在很穷，但他的人生是富裕的，因为他有很多朋友。我们都想有像乔治·贝利一样的感觉，但如果我们一生都没有做过这种投资——投资在与家人、朋友的关系上——那么我们就不会有乔治·贝利的那种感觉。

我们都有过被忙碌的朋友忽视的时候，也许你希望结交的友谊牢不可破，可以忍受这种忽视，但很少有这样的情况。即使是最坚定的朋友，也不会坚持太久，当不再坚持后，很多人就会把自己的时间、精力和友谊投资到其他地方。如果是这样，受损失的将会是他们自己。

经常有人在晚年时悲叹，认为没有和他们曾经最在乎的朋友或亲人保持更好的联系，似乎受到了生活的阻碍。然而，这种事情出现的后果是极其严重的。我认识太多像史蒂夫一样的人，面对疾病、离婚或失业，他们不得不孤单作战、草草收兵，因为既没有人帮他们出谋划策，也没有人给他们其他方面的援助。

那就是世上最孤独的状态了。

你给孩子投资了什么

潜力巨大的青年才俊最常犯的错误就是认为生活方面的投资可以排序。例如："我可以在孩子还小、养育孩子似乎还不是那么关键的时候，将大部分精力投资在事业上。等孩子再大一点，开始对大人的事情感兴趣时，我就会把精力从事业上转移开，因为事业还会有它自己的原动力，到那个时候我就会重点关注家庭。"然而，到了那时候，游戏已经结束了。给孩子的投资需要在很早的时候就开始进行。比如，你必须给孩子提供能够历经生活挑战而生存下去的工具，而这需要在你意识到这些之前尽早开始做。

大量研究表明，孩子出生头几个月的情况对其智力发展非常重要，这点在《干扰课堂》一书中就有记录。托德·莱斯利和贝蒂·哈特两个研究员研究了父母在孩子两个月到半岁对孩子说话的效果。

研究员在非常仔细地观察和记录了父母与孩子之间的所有互动情

况后注意到,人们平均每小时和婴儿说 1500 个单词。"健谈的"父母(通常接受过大学教育)平均每小时和孩子说 2100 个单词。相比之下,不爱说话的父母(通常接受教育也少些)平均每小时只说 600 个单词。如果把婴儿出生后 30 个月内听到的那些词加起来,那么"健谈"父母家庭的孩子就听到了 45000000 多个单词,相比之下,处于劣势地位的孩子只听到了 13000000 个单词。这项研究提出孩子听人说话最重要的时候就是在刚出生的第一年里。

莱斯利和哈特继续跟踪、研究这些孩子,直到孩子们读完书,结果发现对孩子说话的单词量——孩子出生后 30 个月内听到的单词量——与他们长大后的词汇表达、阅读理解、考试等方面的表现有着很大的关系。

研究者通过观察还发现父母与婴儿之间有两种交谈方式。他们把其中一种叫作"商务语言",如"打个盹儿""骑车兜风去""把牛奶喝完",这些谈话都很简单、直接,没有丰富的内容。莱斯利和哈特认为,这种谈话对孩子认知的发展效果有限。

相比而言,另外一种交谈方式——父母面对面地对孩子说话,而且有的时候完全用成人的、复杂的语言,好像孩子也是成人之间交谈的一个参与者一样——对孩子认知的发展则会产生巨大的作用。研究者称这种丰富的互动交谈方式为"语言舞蹈"。

"语言舞蹈"的意思是一边闲聊,一边评论孩子正在做的事情,也评论大人正在做的或计划要做的事情。如:"今天你想穿蓝色衬衣还是红色衬衣啊?""你觉得今天会下雨吗?""还记得我不小心把你的瓶子放进烤箱里了吗？"还有以提问的方式，如"要是……又怎样？""还记得……吗？""要是……岂不是更好？"等，让孩子深入思考身边发生的事情，这样做将会对孩子产生深远的影响。

简而言之，当父母热衷于多和孩子说话时，孩子大脑里将增加很多得到锻炼和优化的神经突触。突触是大脑里的神经节点，它把信号从一个神经元传递到另一个神经元。简单地说，也就是大脑里突触之间的通路越多，就会形成越多的有效连接，以后的思维模式就会变得更好，理解问题就更容易、更快速。

这件事是非常重要的，因为出生头三年里听过 45000000 多个单词的孩子，不是仅仅比听过 13000000 个单词的孩子在大脑里多 3.7 倍良好润滑的连接，而是能够使脑细胞呈指数级增长——通过与多达 10000 个的突触连接，每个脑细胞可以与其他数百个细胞连接，也就是说，接触大量谈话的孩子几乎拥有不可估量的认知优势。

莱斯利和哈特的研究提出，获得认知优势的关键在于"语言舞蹈"——它与父母的收入、种族特征、受教育程度没有关系。他们总结道："有些穷人跟孩子说很多话，他们孩子的表现真的很棒。有些富裕的商业人士很少与孩子说话，把孩子交给保姆，他们孩子的表现就很糟糕……所有不同结果都是由孩子 3 岁前在家里的说话数量导致的。"词汇量大、认知能力强的孩子上学后，很有希望在学校表现良好，并且从长期看也会继续表现良好。

令人难以置信的是，这么小的投资，居然能带来如此大的回报。

然而，很多父母认为，可以从孩子上学时再开始关注他们的学习成绩，但是到那时候，他们已经错过了帮孩子一把的大好机会。

这只是诸多方法中的一个——在你能看到任何回报前很久就开始投资，投资到与家人、朋友的关系上。如果你总是延后投资时间和精力在他们身上，直到你感觉需要进行投资时，就已经没有机会了。但是由于你正在开展事业的过程中，所以会忍不住这样做：你会假设这些私人关系的投资可以往后拖。你不能这样做的！要想让这些关系成为你幸福的源泉，唯一的方法就是要在对这种关系有需求前就进行投资。

我真的相信与家人、朋友间的关系是人生幸福的最大源泉。这个道理听起来简单，但是就像许多重要投资一样，与家人、朋友的关系需要你不断去关注。在此期间会有两种力量对这种关系产生不利：

首先，你会习惯性地忍不住把资源投资到其他地方——投资到能够给你带来更快回报的地方。

其次，你的家人、朋友很少有人用最大声音叫你去关注他们——他们爱你，也想支持你的事业。

这两种力量加起来就会让你忽视了世界上你最在乎的人。

"好钱和坏钱"理论解释了这个现象：要建立和谐满意的关系就得从一开始做起。如果你不去培养、发展这些关系，他们就不会在那儿了——不会在你经历困境和挑战时支持你，也不会变成你幸福生活最重要的源泉。

第5章
奶昔被雇来做什么

许多产品之所以会失败，是因为公司从错误的角度来开发产品。这些公司更多地关注能卖给客户什么，而不是去考虑客户需要什么。真正的缺失就是没有去了解客户面临的困境和试图解决的问题。

　　人际关系也是一样：我们总是考虑自己需要什么，而没有考虑对他人而言什么是重要的。改变看问题的角度，对于改善你的人际关系是非常有效的。

需要完成的工作理论——你的产品被雇来做什么

很多人都知道宜家家居，这是一家非常成功的家居用品连锁店。它是一家瑞典公司，在过去四十年里，它把店开到了世界各地，全球总收入超过 250 亿欧元，公司老板——英格瓦·坎普拉德也成为世界最富有的人之一。对一个以便宜价格销售自己组装家具的公司而言，能做到这个规模真的很不容易。

在过去的几十年里，宜家家居获得了巨额的利润，然而奇妙的是，没有人仿造过宜家家居的产品。宜家并没有什么商业秘密——任何可能成为它竞争对手的人都可以走进它的店里，还原它的产品设计或是仿制它的产品目录……但却没人这样做。

为什么会这样呢？

宜家家居的整个经营模式——购物体验、店面布置、产品设计及包装式样——都与标准的家具店不一样。大部分零售商都是围绕一个划分出来的特定客户群体，或是一类产品来经营，他们对客户圈进行统计分析，把各种目标客户进行分类，比如按年龄、性别、教育背景、收入层次等来分类。多年来，在家具零售业，有以销售低成本家具给低收入人群而闻名的利维茨家具公司，也有以销售华丽风格家具给富人而闻名的伊森·艾伦公司。还有很多其他例子——有为城市居民提供现代家具的店，也有专门卖办公家具的店。

宜家家居采取了一种完全不同的方式，它不是围绕特殊消费群体或特殊产品的特征来组织销售，而是根据客户的阶段性需求来帮助客户完成一项任务。

一项任务？这是什么意思呢？

在过去二十年里，我做了有关创新方面的研究。现在，我和同事已经开发出了一套理论，专门讲解市场销售和产品开发的方法，我们把这个理论称为"需要完成的工作"[1]。在这个思维模式背后，我们洞察到：**我们之所以要购买产品和服务，是因为我们其实需要购买产品和服务来完成某项特定的任务。** 这样说是什么意思呢？我们不用为了与某个特殊人群保持一致来安排生活——没有人是因为属于"18 ~ 35 岁、有大学文凭的白人男子"这个人群而购买某种产品。这些条件也

---

[1] 译者注：这里的"工作"可以理解成我们需要完成的任务。

许与购买这种产品而非那种产品的决定有一定的关系，但是不足以促使我们去买东西。相反，我们发现，生活中有些任务会定期出现，需要我们去完成。于是，我们就会找到一些方法帮助自己来完成。如果某家公司开发了一种产品或服务刚好可以很好地完成这些任务，我们就会去购买，或是"雇用"这个产品来帮助我们完成。**这种导致我们购买某种产品的机制就是："我需要完成一项任务，这个产品能帮助我达成这个目标。"**

我儿子迈克尔最近请宜家家居为他完成了一件生活中出现的新任务——它让我明白了为什么这家公司会如此成功。

迈克尔毕业几年后，在另一个城市找到了一份新的工作，并且他带着一个问题给我打了电话，他说："我明天会搬到新公寓住，需要配上家具。"当然，他是用自己毕业后攒的钱来完成这项任务的。

这时，一个名字跳入我们的脑海里——宜家家居。

宜家家居没有专注于销售某种家具给任何具体的、按统计来分的客户群，而是专注于做一项消费者自己和他们的家庭在新环境下经常会遇到的工作——按时、按需完成顾客的需要。"我明天必须把这里配上家具，因为后天我就得上班了。"竞争对手可以仿造宜家家居的产品，甚至也可以模仿宜家家居的布局，但是没有人能模仿宜家家居将产品和布局结合起来的做法。这种周到的结合使得购物者可以迅速地一次性完成所有事情。

宜家家居在每半小时距离的地方就设有一家店，这似乎与我们的直觉刚好相反，但是这个决定会让人们更容易一站式完成所有要做的事情。为此，宜家家居建了一个更大的店，确保库存的家具足够多。它在每一个店里还留有一个空间，建成游戏监护区，让跟父母来购物的孩子有事可做——这点很重要，因为如果你带着孩子来购物，由于孩子拽着你的袖子，你或许就会忘记一些事情，或许会匆匆忙忙做决定。如果你饿了，不用离开店里就可以享用美食。店里所有的产品都是平装的，这样就能很快搬回家，也容易放进你的车里。如果恰巧你买了太多家具，车子装不下，宜家家居还有当天送货到家的服务，等等。

事实上，由于宜家家居的工作做得如此出色，以至于许多人已经成了宜家这个品牌和产品的忠实客户。例如，我儿子迈克尔就是最忠实的宜家客户，因为他已经知道宜家能把工作做得非常完美，所以每当需要给一个新公寓或是房间配备家具时，或是每当朋友需要做同样的任务时，迈克尔就会想到宜家。

当一家公司了解到人们在日常生活中需要完成某项工作，因此开发了相应的产品，使得客户购买和使用这种产品可以帮助自己很好地完成这项工作，那么客户无论什么时候需要完成这项工作，就会很自然地想起该产品。但是当某企业只是生产其他企业也能生产的产品，尽管这种产品能做很多工作，也很少会有客户忠实于这种产品。这样，每当有其他产品打特价时，客户马上就会心动，换成其他产品。

再便宜点？再多点巧克力味，还是再大点？

"需要完成的工作"这个理论，在开始时是与一个项目相结合的，当时我与一些朋友在为一家大型速食快餐店做一个项目。这家公司正试着增加奶昔的销量，并且花了数月研究这个专题，他们把顾客带进来填写最典型的奶昔消费者情况调查表，接二连三地向顾客提问："能告诉我们要怎样改进奶昔，你才会多买些吗？你想要这款奶昔再便宜点吗？再多点巧克力味，还是再大点呢？"这家公司收回所有的反馈信息，然后着手对奶昔进行改进工作。结果奶昔是越做越好了，但是销量和利润都没有得到增长，这下可把这家公司难倒了。

当我参与到这个项目之后，我提出要从一个完全不同的角度来看待奶昔问题："我想知道在人们生活中出现什么样的任务需要完成时，才会促使他们来这家餐馆'雇用'奶昔？"

用这种方式思考问题是很有意思的。这家餐馆接受了我的建议，于是我们开始进行调查研究。我们首先进行了观察研究，我们所关注的问题是：人们什么时候来买奶昔？他们是穿什么样的服装进来的？是一个人来的吗？买奶昔时有没有买其他的食物？他们是在餐馆吃，还是开着车打包带走？

通过观察、记录，我们得到了一些令人吃惊的数据：几乎有一半的奶昔是早上卖掉的，来买奶昔的几乎都是一个人，他们只买了奶昔，并且几乎所有的人都是开车打包带走的。为了弄明白他们买奶昔做什么用，我们又进行了进一步的访谈研究。我们站在餐馆外面，每当顾客手拿奶昔离开时，就问他们："打扰一下，你能告诉我打算拿这些奶昔干什么用吗？"当他们要回答这个问题时，我们又通过提问帮助他们回答："嗯，想想你最后一次需要完成同样的事情时，你不是来这里'雇用'奶昔，那你'雇用'了什么呢？"他们的回答非常有启发性——香蕉、面包圈、糖果棒，但很显然奶昔是他们的最爱。

当我们把所有的问题放在一起时，就搞清楚了，原来所有顾客每天一大早都有同样的事情要做：他们要开很久的车去上班，路上很无聊，开车时就需要做些事情让路程变得有意思点儿；他们当时还没有饿，但是他们知道大约2个小时后，也就是上午和中午的中间时段，肚子就会咕咕叫了。

"我还'雇用'什么别的东西在这项事情中能帮到我呢？"有个人沉思道，"有时我也会'雇用'香蕉，但是请相信我，千万不要'雇用'香蕉。香蕉消化得太快了，还没到半晌你就又会饿的。"另一个人抱怨说，面包圈太脆，害得他边吃边开车时，弄得满手黏糊糊的，把衣服和方向盘都搞得一团糟。普遍有人抱怨说"雇用"的百吉饼又干又不好吃，迫使他们一边用膝盖开车，一边把奶酪和果酱铺在百吉饼上。还有个人坦诚道："有一次，我'雇用'了士力架巧克力，但是早餐吃巧克力让我感到很不安，所以我再也没有那样做了。"

奶昔呢？当然是它们当中最好的，用那细细的吸管吸厚厚的奶昔要花很长时间，并且基本上能抵挡住一上午阵阵来袭的饥饿。有个人脱口而出："这些奶昔真稠！我要花去20分钟才能把奶昔从那细细的吸管里吸干净。谁会在乎里面的成分呢，我就不在乎。我就知道整个上午都饱了，而且刚好能与我的茶杯座配套。"他一边举着空空的左手一边说着。

到后来我们才发现，奶昔做这项工作比任何其他竞争对手都要合适——因为在顾客的观念里，不仅仅奶昔在做这个工作，还有香蕉、百吉饼、面包圈、士力架巧克力、咖啡等。

对于这个快餐连锁店而言，这可是个突破性的领悟，但是突破性领悟不是仅止于此——我们发现，中午和晚上，奶昔还被"雇用"去做完全不同的工作，这次的雇主不再是那些上下班往返的人。中午或晚上来买奶昔的都是典型的爸爸，即整周都不得不对孩子的很多事情说"不"的爸爸。他们经常得说：不许吃甜食！不许睡懒觉！不能晚睡！不能玩游戏！不能养小狗！

我意识到我也曾经与这些父亲为伍，而且次数之多连自己也数不清了。那时，我处在和这些"典型爸爸"类似的情况——工作很忙，没有太多时间管理家里的事情。当时，我会尽量找一些无关痛痒的事情，这样就可以跟孩子说："是的，可以。"如此，才会让自己感觉是个慈爱的父亲。

最典型也是最常出现的场景是：我与儿子斯宾斯站在同一排，我们各自点了自己想吃的东西，这时，儿子停下来抬头看了我一眼，用似乎只有儿子看爸爸时才有的神情问我："爸爸，我还能再要个奶昔吗？"于是，这个能让我自我感觉良好的时刻就到了，我伸出手来，拍了拍他的肩膀，说："当然可以，斯宾斯，你可以再要杯奶昔。"

我们发现，这次奶昔并没有做好这项特别的工作——那些父亲就像我一样，只顾着吃完自己的饭，儿子也是吃完自己的饭，然后就拿起那杯稠稠的奶昔——似乎要吸上一辈子才能从那小小的吸管里把奶昔吸干净。

但是，问题是父亲们可不想"雇用"奶昔让他们的儿子玩很久，他们只是"雇用"奶昔来显示他们当爸爸的好。当他们的儿子在努力地吸奶昔时，一开始他们会很耐心地等待，但是过了一会儿，他们就变得不耐烦了。他们会说："儿子，你看，真是抱歉，我们不能整晚都……"于是，他们就会把桌子清理掉，把还剩半杯的奶昔扔掉。

如果快餐连锁店的人问我："克莱，你觉得我们要怎样改进奶昔，才会卖得更多呢？是再稠些，还是再甜些，抑或再大些呢？"那么我会不知道怎么回答，因为我要"雇用"奶昔做两种完全不同的工作。

如果根据当初他们自己设计的调查方法去进行调查——他们先假设最有可能买奶昔的人群是 45 ~ 65 岁，然后再设计调查问卷，获取这些人希望将奶昔做成怎样的信息——则会指引他们开发出一种"放之四海皆不准"的产品。

如果我们事先清楚奶昔是被"雇用"去做两种不同工作的，那么要对奶昔改进就很容易了。早上"工作"的奶昔需要更黏稠些，这样需要花更多的时间才能吸完。也许还能加些块状的水果进去，但是不用做得太保健，因为这不是奶昔被"雇用"的原因，反而是意外的水果片会使得吸奶昔的经历变得更有意思。还可以把分售机从柜台后面推出来摆到前面，再安装上预付费磁卡，这样就可以节省上班族的时间了——他们可以跑进来买完就走，而不用夹在人群中排队。

对于那个下午"工作"的奶昔来说，它是那些"典型爸爸"用来让自己觉得"做父亲真好"的，而这些父亲又没有太多的耐心等待孩子没完没了地吃奶昔，因此下午的奶昔处理起来就要和上午的完全不一样。也许它应该做成一半大小，没那么稠，这样就可以让孩子们快些吃掉它。

只有真正明白客户要完成什么工作的时候，即真正明白需要帮助客户完成什么任务时，项目才能启动。

找到顾客最需要的东西

不久前,一位发明者带着与纸牌游戏有关的点子,走进一家位于新罕布什尔州名为大构想集团(简称BIG)的公司。BIG公司总裁迈克·科林斯认为这个游戏没有市场,但是他并没立刻请这位发明者走,而是问他:"你开发这个游戏的原因是什么?"

发明者回答道:"我有三个年幼的孩子和一份对个人要求很高的工作,等我结束一天的工作回到家里吃完晚饭时,就已经是晚上8点了,孩子们也该上床睡觉了,但我还没和他们玩一会儿呢!那我该怎么办呢?我需要一种我们能一起玩的有趣的游戏,这样就能吸引住他们,让孩子们推迟15分钟再睡觉。"于是,这个游戏每周至少有5天出现在他的生活中。

尽管科林斯觉得这位父亲想出的游戏平庸无奇,但是他从这项工作中领悟到了有价值的东西,每天晚上有数以百万的父母都在思考这个问题。这位发明者的工作引出了一个非常成功的产品,叫"12分钟游戏"。

每个成功的产品或服务,不论明确的还是暗含的,都是为完成某项工作而设的。设法解决消费者面临的某个问题,帮助他们完成这项工作是一种购买行为背后的因果关系机制在起作用,因此要了解消费者购买行为背后真正的动机。如果有人开发了一项有趣的产品,但是直觉上没有与消费者头脑里想要做的工作对上,那么就很难成功——除非这个产品被调整了,重新定位到能帮助消费者完成一项他们需要面对的重要的工作。

"V8蔬菜汁"的制造者用这个理论扩大了他的生意,干得非常漂亮。他们的一位高管参加了我们的一项高管培训课程,讲述了四年前的情况。多年来,V8承诺含8种不同蔬菜营养,在广告中运用了叠句押韵:"哇哦,我有了V8!"它被作为一种提神饮料——就像苹果汁、软饮料、开特力等给顾客多一项选择,但是当时与其他产品相比,只有少数顾客喜欢V8多一些。

当时,他们读到了我和同事合写的一篇论文(这篇论文是关于"需要完成的工作"这个理论在产品定位和细分市场中的应用),从而意识到,在他们的领域里还有另外一项工作可以做——提供蔬菜营养品,此方面,V8的竞争力要强得多。绝大多数人离家时都会向妈妈保证:"为了维持身体健康我会吃蔬菜的。"但是要"雇用"新鲜蔬菜来完成这项工作,就要剥皮、切片、切块、切丝,还要用煮、烤或其他方式制作蔬菜，如此一番折腾才能吃到大部分人都不爱吃的东西。

"或者，"这位高管继续道，"顾客可以这样说：'我喝了V8就能得到我跟妈妈保证的营养，而且只要花一点儿时间和力气就能做到！'"一旦V8的制造者意识到了这点，产品的广告宣传就改成重点宣扬V8是怎样给人们提供每日必需的营养了。这个方法真的很奏效，这位高管告诉我们，自从决定把V8定位在不同的工作上之后，一年内收入就翻了四番，同时打败了携带不方便的竞争者——蔬菜。

学校到底是被雇来做什么的

虽然没有意识到，但我们始终把"需要完成的工作"运用到人与人的互动中。为了说明这个问题，我会列举一项我们做过的研究，用来说明为什么在美国进行学校改革非常艰难——此项研究收录在我们已经出版的《干扰课堂》一书中。在做这项研究的过程中，最让我困惑的地方就是，为什么这么多学生似乎都缺乏学习的动力。为了改进教学方式，学校引进了科技、特殊教育、娱乐活动、户外旅游等许多方法，但仍不见成效。

这是怎么回事呢？答案就在于：要明白学生生活中有什么工作需要他们雇用学校来解决。我们与奶昔项目的带头人鲍勃·默斯塔讨论了如何用"需要完成的工作"理论来找出答案。

我们得出的结论是：去上学不是孩子们想要完成的事。孩子们需要做的基本工作有两项，其一是要获得成功的感觉，其二是每天都会有朋友。当然，他们可以"雇用"学校来完成这些工作——有些孩子在班上、乐队、数学社或是篮球队获得成就感，并交到朋友。但另一方面，为了有成就感和交到朋友，他们也可以辍学，加入一个团伙，或者买辆车上街去玩。从这个角度看待这项工作就一目了然了：学校并没有把这项工作做好。事实上，学校往往是为帮助学生产生失败感而设立的。

据我们了解，正如快餐连锁店曾经在与顾客不相干的方面改进奶昔一样，我们的学校试着做的工作也是在不相干的方面进行自我改进。老师们通过说服孩子要好好学习来促使他们在班上努力，这显然是行不通的。我们要多为孩子们提供一些学校经历，这些经历能给他们找到和朋友们一起"工作"的成功感觉。

那些设计了每天能让学生有成就感课程的学校，辍学率和缺课率都降至零。在学校按照"需要完成的工作"这一理论设计相关课程和活动后，学生都渴望掌握平时认为很难的学习内容，因为这样才能帮助他们完成需要做的"工作"——获得成功的感觉。

你是被雇来做什么的

如果你能够明白自己被雇用来做什么工作，不论是在专业上还是个人生活上，回报都将是巨大的。事实上，让我领悟最多的就是这个理论，因为你终身都将被雇用去做一项最重要的工作，那就是做别人的配偶。我相信，做好这项工作，对维持幸福生活是非常关键的。

就像我们从研究中知道了学生试图去做的工作那样，我在这里讲讲这个理论是怎样影响我们的婚姻关系和夫妻关系的。为了做到言简意赅，我把男性代词赋予第二人称，配偶用女性语言。但是你也可以完全对调过来，丝毫不影响其中包含的意思——这个概念对每个人都适用。

就像那些买奶昔的顾客一样，你和你的妻子不可能总是说出你们各自试图去做的基本工作是什么，更不用说让你说出妻子要做的基本工作是什么。要明白这一点的关键是：直觉和共鸣。**你要设身处地站**

在她的角度为她着想，重要的是，你的配偶正试图去做的工作通常与你认为她应该想做的事不同。

然而，极具讽刺意味的是，许多建立在无私奉献基础上的婚姻之所以不幸，通常都是因为这种"无私奉献"——只是给对方自己想给的东西，他们通常会自认为这个东西应该是对方想要的，正如"亲爱的，相信我，你会爱上这个无线铱星电话"那样，以为这个电话是她想要的。其实对方真正想要的不一定是你给予的，你给予的也不一定是对方真正想要的。我们给予的其实应该是对方真正想要的，而不是自己认为的。"人之所欲，施之于人"才是正确的方法。

任何人都会猜想配偶想要什么，而不是努力去理解配偶生活中需要什么。

我有一个朋友叫斯科特，他有三个不到五岁的孩子。有一天，斯科特下班后回到家里，发现家里跟往常很不一样：早餐盘还在桌子上，晚餐还没开始做。他的第一反应就是，妻子芭芭拉这一天过得很艰难，需要他的帮忙。他一句抱怨都没有，卷起袖子，清理干净早餐盘接着开始做晚饭。做饭期间，芭芭拉不见了。但是斯科特继续给孩子们做饭。他刚刚给孩子们喂完饭，突然想起："芭芭拉去哪儿了？"

斯科特虽然很累了，但是对自己的表现感觉良好，他朝楼上走去，想弄清楚芭芭拉在哪里。他发现她一个人在卧室。原本期望芭芭拉会谢谢他辛苦工作了一天，回家还做了这么多事，但是芭芭拉表现得很不安。

他震惊了。他刚刚做的一切可都是为了她！他做错什么了吗？

"我今天这么难过，你怎么还这样忽略我？"芭芭拉委屈地说。

"你认为我忽略了你？"斯科特说，"我把早餐盘子收拾了，清洗了厨房，做好了晚饭，还给孩子们喂了饭。你怎么会认为我忽略了你呢？"

事实上，他做的并不是妻子需要完成的工作，尽管他试着奉献了他认为芭芭拉需要的东西，但是芭芭拉解释说，不是家务事让她难过，而是因为孩子小，要时刻照顾他们，而她一整天都没能和一个大人说句话，她在这种时候最需要的是和在乎她的人有真正的交谈。但是斯科特所做的一切，只会令她感到内疚，让她对自己的挫折感到生气。

每天，斯科特和芭芭拉之间都会有数千次的互动。我们总是把我们想要的和以为的情况强加给配偶，认为那是配偶想要的。斯科特或许希望在他工作艰难时有人帮忙，所以他回到家后就帮芭芭拉做了那些事。我们很容易"好心办坏事"。

我的这位朋友可能坚信自己是无私的，同时他认为妻子太以自我为中心，连他为她做了这么多事都没注意到。许多公司或客户之间的互动也是如此。

是的，我们可以为配偶做一切事情，但是，在我们寻找幸福的夫妻关系时，如果没有关注到对方最需要我们做的工作是什么，只会收获挫折感和困惑。因为我们的努力错位了——就像奶昔案例一样，我们只是把奶昔改进得多些巧克力味。这或许就是婚姻中最难做的一件事。即使夫妻两人都是从好意出发，彼此相爱，但还是会从根本上误解了对方。我们每天的生活都是杂务缠身，相互之间的交流最后就变成关注对方正在做的事情了，我们是在自以为是地看待事情。

如果我们都以"需要完成的工作"这个透镜来研究婚姻，就会发现，那些彼此最忠贞的夫妻，通常能弄清楚伴侣需要完成什么工作，并且能协助对方完成这项工作，而且做得很出色。根据这一点——真正明白伴侣需要完成什么工作，并把这项工作干好这个方法——我变得更爱我的妻子了，希望她也和我一样。此外，我认为离婚通常也能用这个原理去解释——当一方对婚姻的概念仅限于看对方是否给了自己想要的东西，如果对方没有给他，他就会抛弃她，去找能给他这些东西的人。

牺牲和付出，使承诺关系更牢固

我深信，通向幸福婚姻的道路不只是找到你认为将会让你幸福的人，其实反过来说才是真理：**通向幸福婚姻的道路是找到你想让她幸福的那个人，她的幸福值得你付出！**我观察到如果是因为相互理解，做彼此要完成的工作而深深爱上对方，那么让关系变得牢不可破的途径就是为对方付出的程度。

这个原则——做出牺牲（付出）能使承诺的关系更牢固——不仅对婚姻有作用，也同样适用于家人、密友、组织，甚至文化和国家。

举例来说，在海军陆战队，同事之间相互忠诚，对组织、对国家都有非常深的归属感——海军陆战队的训练是许多年轻队员迄今为止遇到过的最艰难的挑战，这个工作差点要了他们的命，他们为陆战队及队友牺牲了很多，但是你还是会一如既往地看到"永远忠诚"这个标语贴遍了美国各地的海军陆战队的车。

我们的女儿安妮也经历过这些。那时，她在蒙古的教堂里做传教士。当她知道要去那里时，她的弟弟斯宾斯给了她一张蒙古的旅行图。地图上的字写得很模糊："这是一个伟大的国家，但是我们认为你不要在冬天过去，因为现在那里是零下 65 华氏度，我们认为你也不用夏天过去，因为那里夏天气温高达 125 华氏度；尤其不要在春天去，沙尘暴会席卷整个戈壁沙漠。如果你遇到以上任何一种情况，车漆都会脱落，你也会掉层皮；但除了这些之外，你还是会爱上在这个美丽国家度过的美好时光。"

听起来似乎不是那么有前景，但是我们还是把她送到了蒙古。正如那本书里预测的，那里的情况确实很严峻，是个很艰苦的地方。那里只有少数地区生产粮食和蔬菜，这就意味着，她的日常饮食几乎全都是畜产品，如马、绵羊、牦牛、山羊做出来的产品。但是整整 18 个月，安妮都坚持完成了她在那里的任务：讲学、帮助每一个她遇到的人。这是她一生中最艰苦的一段生活。

但你知道吗，安妮有半颗心永远留在了蒙古人民那里，这更加深了她对教会的承诺。

同样，我年轻时在韩国做传教士，从韩国归来时，我对韩国以及杰出的韩国人民也有了同安妮一样的感受。如果我们的工作很容易，安妮和我都不会那么依恋这些国家的人民。恰恰相反，我们之所以会有这样的感受正是因为我们付出了很多。

这种牺牲和付出进一步加深了我们的承诺，确定我们为之做出的牺牲是值得的，这点很重要，就像教堂对我和安妮的意义一样。也许除了家庭没有什么值得我们牺牲的——不是只有别人为你做牺牲，而是你也该为他人做牺牲。我相信为彼此做出牺牲也是加深友谊、建立幸福家庭和美满婚姻的根本基础。

作为证明，我们看下我的岳父母爱德华和琼·奎因的家庭。我的妻子克丽丝汀在12个孩子中排行老大，她是在家里很穷的时候长大的。她很有爱心，总是迫切地要为了对方的成功而给予帮助。我认识很多家庭，但从未见过哪个家庭成员之间的忠诚度超过克丽丝汀家。如果这个家庭（现在这个家庭更大）任何一个成员出了什么事情，每个人——真的是每一个人——第二天都会到场，不仅仅是提供帮助，还实实在在地出谋划策、想办法帮忙。

我的生活中也有过这样的经历。那时我还在英国读书，父亲知道他得了癌症，而且他只剩两个月的时间了，显然，他不会好起来了。我回到家中帮助母亲和兄弟姐妹照顾父亲。父亲一生中大部分时间都在ZCMI百货商店工作。我们还是孩子的时候，每周六都要去商店帮父亲一起工作——至少他会让我们感觉好像帮了他似的，即使我们会拖慢他的工作，他也会让我们帮忙清点货架，仔细地把标签翻过来，称一称小袋的干果、调料之类的。当父亲病得非常严重、不能继续工作时，我就替他去那里工作了。那时，我一周在牛津大学当学生，陶醉在学术氛围中；另一周就会回家，去百货公司清点装圣诞节商品的货架。那时，我不觉得这是一种牺牲，只是觉得必须这么做。

你可能会认为，事后我也许会抱怨曾经发生过的事情，但是至今我都认为这段时间是自己人生中最幸福的时光。回头看原因时，发现是我全身心地帮了父亲并且支撑起这个家。

希望你爱的人过得幸福，这是自然的事情，但往往难就难在我们不知道应该在其中扮演什么角色。要了解对你最在乎的人而言什么东西最重要，最好的方法就是从"需要完成的工作"角度去考虑，它能使你产生真正的同情。问问自己："我的伴侣最需要我做的是什么？"这会给你提供从正确角度分析问题的能力。当你从这种角度处理人际关系时，答案会更清晰，比只是推测怎么做才对要清晰得多。

正如公司要保持客户的忠诚度，就要在客户需要完成的工作上比别人都干得出色一样，正确处理人与人的关系会令你对合作伙伴感情更深，也会让合作伙伴对你的感情更深。

最重要的是，对于伴侣需要你做的工作，不能仅停留在理解的层面上，而是要去做那项工作。要把时间和精力都投入进去，并且愿意先放开自己的想法，专注于做让另一半幸福的事。我们也不应该害怕孩子和伴侣为别人做这些事。你可能会认为这种方法在现实中会导致抱怨，因为显然一个人会为另一个人放弃一些东西，但我发现这样做恰恰相反，因为为值得的东西牺牲，你会变得更加投入。

第6章
你的孩子还是你的吗

我们都知道为孩子提供好机会的重要性，父母们似乎更关注为孩子创造他们当年没有得到的机会。出于美好的意图，我们将孩子交给教练和老师教导，以增长他们的知识，我们相信老师们会为孩子的未来做最好的准备，但是以这种方式帮助孩子要付出非常高的成本。

戴尔外包带来的悲剧

在过去的十年里,戴尔是世界上最成功的笔记本生产厂商之一,然而很少有人知道,戴尔成功的原因之一是它有一家出色的零部件供应商——华硕。

戴尔在20世纪90年代取得了巨大成功。

第一,它的商业模式具有突破性——它以制造简单的入门级电脑起步。这种电脑的生产成本很低,主要通过邮寄和网络销售,随后戴尔将眼光投向高端市场,生产一系列更加高端的电脑。

第二,戴尔提供定制产品的服务,消费者可以自行选择电脑部件,戴尔则负责在48小时内完成组装并发货,这是戴尔让消费者印象深刻的地方。

第三,戴尔努力提高资产的使用效率,争取利用每一美元的资产创造更多的收入和利润,这正是华尔街推崇的理念。

这三个充当灯塔角色的战略帮助戴尔以不同寻常的方式取得了成功。

有趣的是，正是华硕才使戴尔取得了战略性增长。与戴尔一样，华硕在开始时向戴尔供应简单可靠的电路，并收取比戴尔自己生产成本更低的费用。

在这种背景下，华硕向戴尔提出一个有意思的建议："我们为你们提供的电路表现良好，计算机的主板也由我们来提供吧！制作主板不是你们的特长，而是我们的专长，我们可以使成本降低20%。"戴尔的分析家意识到将主板交给华硕生产，不仅可以降低成本，还可以从资产负债表上去除所有与生产主板相关的资产。

华尔街的分析家们时刻关注着反映资产运作效率的财务指标——RONA，即净资产收益率。对于生产型企业，净资产收益率由收入除以净资产得来。因此，一个企业可以通过增加分子中的收入，或者减少分母中的净资产来使自己看起来盈利较好。增加分子很难，因为它需要销售更多的产品，减小分母则相对容易，因为你只需要将一些流程外包出去。这个比例越高，就会被认为越有效地运用了资产。如果戴尔将一些流程外包出去后仍可以向消费者销售同样的产品，那么它就可以提高自己的净资产收益率。"这是个好主意，"戴尔回答华硕，"你们可以替我们生产主板。"

更有趣的是，这一协议也使得投资者更加看好华硕，它用自己现有的资产实现了销售的增长。两家公司的情况看起来都变好了。

根据协议进行重组后，华硕又建议戴尔："我们在主板生产中表现这么良好，为什么不让我们帮你们组装电脑呢？组装电脑并不是你们成功的原因，我们可以将你们剩下的生产资产从资产负债表中去除，并且能够降低 20% 的成本。"

戴尔的分析家再次认为这是双赢的计划。由于承揽了更多业务，华硕的净资产回报率也提高了，因为它的分子，即收入增加了。将制造过程外包出去，也提高了戴尔的净资产收益率——不是通过增加收入，而是从资产负债表中清除资产，即减小分母的方式来实现的。

这个过程并没有停止，戴尔又继续将其供应链的管理以及电脑的设计外包出去。至此，除了品牌之外，戴尔将所有个人电脑业务都外包给了华硕。戴尔的净资产收益率变得非常高，因为它只剩下整个业务中与消费者环节有关的资产。

不久后，华硕注册并发布自己的电脑品牌。

在这个悲剧里，华硕从戴尔那里学到了所有关键技术，并应用于自己的电脑品牌。从价值链中最简单的业务开始，伴随着一个个的决定，每当戴尔将自己剩下的下一个附加值最低的流程外包给华硕时，它就为华硕增加了一个具有更高附加值的业务。净资产收益率没有显示的是这些决定会对戴尔的未来产生什么影响。

戴尔曾是令人看好的电脑企业之一，但是在过去的时间里，逐渐因为外包而使自己走上了平庸之路。戴尔逐渐不生产电脑，不邮寄电脑，也不为人们提供服务，仅仅是允许华硕公司将"戴尔"的商标贴在机器上而已。

公正地说，戴尔确实成功地向利润更高且前景颇好的服务型企业转型了，但是在消费者看来，戴尔将自己非常关键的东西都外包出去了，这是他们自己没有意识到的。

解析你的能力

从这个案例中，你可以看出外包是有风险的。显然，如果戴尔早知道会带来这样的后果，那么他们一定会更谨慎地考虑华硕的提议，但是他们如何提前预知后果呢？

答案是——要清楚自己的能力。你需要了解什么是能力，哪个对你的未来而言更关键，知道哪个应该自己保留，哪个不太重要。

我这么说是什么意思呢？

归根结底，资源、应用流程以及组织行为优先顺序[1]是决定一家企业能做什么以及不能做什么的三大能力。这三种能力综合起来形成一家企业在任何时期的准确快照，因为它们是唯一的（每个部分都不可能有一种以上的状态），也是详尽的，三种能力加起来说明了一家公司

---

1 译者注：可以理解为企业的行为价值取向。

的所有东西。因此，综合考察这三种能力是评估一家企业能实现什么和不能实现什么的关键。

能力是动态的，是经过一段时间形成的，没有任何一家公司在刚开始的时候就拥有充分发展的能力。三种能力中最有形的是"资源"，它包括人力、设备、技术、产品设计、品牌、信息、现金以及与供应商、分销商和顾客的关系。资源常常是人或物，可以被聘用或解雇，可以购买或销售，可以消耗或构建。大多数资源是可见的，且经常是可测量的，所以管理层可以很容易评估它们的价值。许多人认为资源是使企业取得成功的原因，但是我认为资源仅是驱动企业的三个关键因素之一。

企业通过员工将资源转化为具有更高价值的产品和服务，员工进行互动、协作、交流以及做决定的方式就是"应用流程"。通过这个"应用流程"，人们可以利用资源解决更加复杂的问题。

应用流程包括：生产产品的方式、市场调查的方法、预算的方法、员工发展、赔偿制度、资源分配，等等。这里的流程可以理解为一个企业做事情的方法，资源是看得见而且可衡量的，而应用流程在财务报表上是看不到的。

如果一家企业有很强的"流程"能力，那么管理层在安排哪个员工负责哪部分工作上就具有灵活性，因为不论由谁来完成，"流程"都会发挥作用。

举个例子：

麦肯锡咨询公司受雇于来自世界各地的企业，为它们提供咨询服务。麦肯锡提供服务的"流程"具有普遍性，因此它可以雇用拥有不同背景的员工，让他们根据流程开展工作，它有信心提供给客户想要的结果。

第三种能力是组织行为优先顺序。这种能力也许是最重要的，它是企业的行为价值取向，它可以告诉企业如何做决策，并为投资什么和不投资什么提供清晰的指导。每个级别的员工都会做出具有优先顺序的决定，比如他们今天要做什么，或者什么可以放到日程表的最后来做。

公司逐渐壮大后，管理层不可能实时监督每个决定的形成。因此，随着公司规模的扩大以及业务趋于复杂，对高层管理者来说，确保员工能够自己做出符合公司战略方向和商业模式的决定就显得更加重要。这意味着成功的高管需要花费大量的时间让公司上下非常清晰地了解公司的行为价值取向，也就是说，需要让全体员工了解公司的价值观排序、行为取向。无论什么时候，一家企业的行为价值取向必须符合公司的盈利模式，因为公司要存活，就必须要求员工倾向于支持公司战略的选择，否则员工的决定将与公司生存和发展的根基发生冲突。

不要将你的未来外包出去

跟戴尔一样，制药、汽车、石油、信息技术、半导体以及其他许多行业的公司都日益推崇将一些流程外包出去的做法，但是他们没有考虑到未来能力的重要性。这些企业正冒险地制造自己的"华硕"。

将流程外包受到金融家、咨询顾问以及一些学者的鼓励，他们看到的是通过外包可以迅速且轻松地获得利益，但是他们看不到外包的成本——它会使企业失去一些能力。

例如，美国半导体行业的外包历史记载着盲目实行外包带来的惨痛教训。最初，它们将生产半导体产品的一些简单流程外包给亚洲的供应商，全世界都认为这是一个突破。美国的半导体生产企业认为自己是安全的，因为它们保留了更加复杂和利润较高的流程，例如产品设计。

但是，尽管亚洲的供应商在开始时仅仅组装最简单的产品，可是他们不会满足于此。那些是低成本的工作，每个人都能做得出来，所以他们知道自己的处境非常危险，一旦出现以更低的成本完成组装工作的企业他们便会失去工作。因此，这些供应商努力涉足高端产品市场，制造和组装更加复杂的产品。现在，这些供应商甚至可以制造出曾经将流程外包给他们的美国企业都无法制造的产品了。

情况确实变了，一开始，美国的企业为了降低成本以及减少资产负债表上的资产而将简单的流程外包出去。与往常一样，它们做的这些决定似乎很有意义，但是现在，它们不得不将复杂的产品外包出去，因为它们已经没有能力生产这些产品了。

关于能力的理论为企业提供了框架，以决定什么时候外包有意义，什么时候没有意义。在考虑这个问题时，需要从两方面去衡量。

首先，你需要对供应商的能力有一个动态的认识。你必须假设他们也将会改变，不应该只关注他们现在所做的事，应该关注他们正在努力想要做的事。

其次，找出你在未来取得成功所需的能力，把这些能力掌握在自己手中，否则就是把自己的未来交给别人。衡量一个首席执行官是卓越还是平庸的标准之一就是，他对能力作用及其重要性的理解。

清楚你的孩子能做什么、不能做什么

　　无论我们是否意识到，事实上我们每天都在评估周围的人或事物的能力。评估我们所在的组织：评估我们的老板、同事、伙伴，以及员工；评估我们的竞争对手；等等。但是，如果让你把评估的目标转向家庭，你会这么做吗？你有哪些能力？你的家庭呢？把自己想成资源、应用流程以及行为价值取向的组成部分看起来似乎很可笑，但是这对于评估我们人生中什么样的目标可以实现，什么样的目标遥不可及，是一个很有远见的方式。

　　我打赌，如果你把自己的能力列出来，一定会发现自己真正的力量和用处。每个人都有能力欠缺的方面——当然，如果时间倒退你可以把自己培养得更好。

　　不幸的是，没有人能做到。

　　戴尔不可能将时针拨回到它做出外包决定的时刻，我们也不能回到年轻的时候去寻找培养某些能力的方法。但是，作为父母，我们却有这样的机会去帮助孩子做好准备。在了解孩子在未来可能遇到的挑战和问题的情况下，"资源、应用流程和行为价值取向"模型能帮助我们评估需要做什么去培养他们的某些能力。

对于孩子而言，"资源"是指孩子得到的或者获取的经济和物质资源，他的时间和经历，他的知识、天分、人际关系以及过去学到的经验。资源是决定他们能做什么、不能做什么的第一个因素。

第二个决定孩子能力的因素是"应用流程"，"应用流程"是指孩子们的思考方式，如何提出有洞察力的问题、如何面对困难和挑战、如何解决各种问题、如何与他人合作等。还包括孩子们利用自己的资源实现了什么、做到了什么，以及为自己创造了什么新的东西。与企业的情况一样，这个因素相对来说是无形的，但却在很大程度上影响了孩子变成独一无二的人。

下面举一个例子，帮助你清晰地认识"资源"和"应用流程"的区别。

我们假设一个坐在教室里的年轻人。老师和学者可以创造知识，而我们的年轻人可以坐在教室里被动地接受他人创造的知识，这些知识就成了他的资源。年轻人可以利用这些知识，在评价他获得多少知识的考试中取得高分。但是，这并不代表他获得了创造新知识的能力。如果他能够将在教室里学到的知识用于实践，比如开发一个 iPad 程序，或者指导他的科学实验，那就是我们所说的"应用流程"能力。

说完孩子的"资源"和"应用流程",最后一项是孩子的个人"价值取向"。它与我们所说的人生中的选择倾向没有太大差别,包括学校、运动、家庭、工作以及信仰等。"价值取向"决定孩子们在生活中如何做决定,也就是在他的想法中以及生活中,哪些因素会排在最重要的位置、哪些是次要的,以及哪些是他根本没有兴趣的。

为了了解这三种能力是如何共同发挥作用的,我们举一个例子:

如果你的孩子拥有开发应用程序所需的机器,并且拥有如何开发 iPad 应用程序的知识,这就是他的资源。他把这些资源整合起来加以利用去创造一些新奇的东西,在此之前没人教他具体如何去做,这就是他的应用流程。花费宝贵的空闲时间来开发程序,想要通过开发程序来解决他所关心的问题、创造独特东西的愿望,或者得到朋友赞赏的期望等都是驱动他做这件事的"价值取向"。"**资源**"是他所利用的东西,"**应用流程**"是他做事的方式,"**价值取向**"则是他做某件事的动机。

家庭的外包式悲剧

我非常担心的是，有许许多多的家长正在对孩子们所做的事情跟戴尔曾经对自己的公司所做的事情一样——放弃了培养孩子能力的环境和机会。

作为一种普遍现象，在这个分工明确的社会里我们已经将越来越多原本在内部完成的工作外包出去，对于家庭也是一样。尽管与现在相比，这听起来近乎离奇，但是在我长大的年代，各家各户进行着各种各样的工作。我们有花园和果树，我们吃的许多东西都是自己种的，我们需要将收获的东西保存一部分作为冬天和春天的食物，母亲为我们缝制大部分衣物，而且在缺乏免烫面料的年代，我们需要花很多时间清洗并烫平衣服。那个时候，雇一个人到家里帮助割草或者铲雪的情况都从未发生过。各家各户都有太多的工作，以至于孩子们实际上都在为父母工作。

在过去的五十年间，将这些工作外包给专职人员逐渐变得便宜且方便，现在，许多人在家里的工作只是定期清理杂物。家庭事务的减少造就了一代只专注于增长孩子知识的父母，也就是所谓的"足球妈妈"，这是十五年前美国的词典里还没有的词。她们带着孩子参加足球、长曲棍球、篮球、橄榄球、曲棍球和棒球队，带他们学习舞蹈、体操、音乐和中文，把孩子送去伦敦交换学习一个学期，以及安排孩子参加各种各样的夏令营，以至于孩子根本没有时间在暑假做一份兼职工作。

从个人角度来看，每种活动都有可能为孩子的发展提供良好的机会，这也是对过去家庭里许许多多工作的一个好的替代。孩子可以从中学会如何战胜艰难的挑战，懂得承担责任，或者成为出色的运动员，这些都是培养日后要取得成功所需要的能力的机会。然而，更常见的情况是，父母在给孩子灌输知识的时候并不是基于认真的思考。

从某一方面来看，让孩子参与大量活动是很好的——你希望通过这种方式帮助孩子发现他们真正喜欢的东西，对孩子来说，找到能够激发自己，培养应用能力的东西也是至关重要的。但这并不是父母让孩子参加活动的动机，而是因为他们有自己要做的工作，这就使得父母培养孩子能力的渴望大打折扣。

父母可能会这样考虑自己是否合格——我为孩子提供了所有的机会吗？一些父母则是将自己的希望和梦想强加在孩子身上。一旦这些意图出现，他们就很有可能让孩子参加许多他们自己并不喜欢的活动，而这些活动应该停止。

孩子从这些活动中培养了诸如团队精神、企业家精神，以及领悟到做事应该事先有所准备，还是他们仅仅是应付了事。当我们专注于为孩子提供资源的时候，我们需要问自己一些问题：我的孩子掌握了培养新技能的方法了吗？学到发展更加深入探索知识的能力了吗？掌握了从经历中获取经验的方法了吗？这些对于培养孩子的"应用流程"能力是非常重要的。基于此，我最担心的是家庭的外包。

当戴尔将自己的一部分业务外包给华硕时，它也就把要实现的目标，以及要解决的问题交给了华硕。华硕借此机会发展出一套完成工作的流程。相反，戴尔完成相同工作的能力逐渐退化。华硕为完成更加复杂的工作，又努力将这些操作过程扩展并完善，而戴尔没有意识到自己过于关注资源，减少了关键的实际操作过程，这实际上是在破坏自己的未来竞争力。

许多家长也犯了跟戴尔一样的错误，只关注孩子们获得的资源，比如知识、技能以及经验。跟戴尔一样，父母认为自己的每个决定看起来似乎都是有意义的，他们希望孩子们能赢在起跑线上，也相信为孩子提供的机会和经验可以帮助他们赢在起跑线上。但是，他们却没有让孩子深入参与进去——没有有意识地培养孩子今后获取成功需要的应用能力。

我的父母没为我做的事

父母的美好意图导致的最终结果就是：孩子在成长过程中很少有机会担负重要的责任，也很少有机会能为自己或他人解决复杂的问题。"我不害怕面对这个问题，我相信自己能解决它"，这样的自信不是来自丰富的资源，而是来自完成某件困难且重要的事情。

写这本书的时候，美国年轻群体的失业率比其他任何群体都要高，这也是现代经济史上的第一次，而全球其他发展中国家的情况也类似。为什么会出现这样的情况？

有人可能会辩解，这是过去几十年经济政策的结果，但是我认为还有另外一个原因导致了这种情况的出现。我担心整整一代人在成长的过程中都没有掌握学以致用的能力，尤其是应用能力。我们将家里的事情外包出去，腾出时间让孩子参与各种没有挑战和认真参与的活动，我们将孩子保护起来，让他们远离生活中出现的各种问题，但却无意中阻止了孩子掌握成功所需的"应用能力"和"行为价值取向"。

我并不是主张将孩子直接丢进深水区，看他们是否能游泳。相反，我主张的是在小的时候就尝试让他们独自解决一些简单的问题，解决一些可以帮助他们培养操作能力和自信的问题。回顾我的生活时，我意识到父母给我最好的礼物不是他们为我做了什么，而是他们没有为我做什么。比如我的母亲从未帮我缝过衣服。我记得上小学时，有一次我拿着两只非常喜欢的破了的袜子去找母亲帮忙，但是当时母亲刚刚生下第六个孩子，正忙于教堂活动。而我们家没有一点额外的钱可以让我买新袜子。母亲让我将线穿过针孔再来找她，我花了将近十分钟来完成这件事，而我相信母亲只需要10秒钟就可以完成。随后她取了一只袜子，教我将针从破洞的外围插入与拔出，而不是前后穿过破洞，随后轻而易举地把袜子上的洞缝好了，这花了她大约30秒钟，最后她还教我如何将线剪断并打结。随后，她把另一只袜子递给我，就去忙她自己的事情了。

一年或更久以后，我大约上三年级时，在学校的操场摔倒并扯破了我的校服裤子，这是很严重的事，因为我只有两条校服裤子。所以我拿着扯破的裤子去寻求母亲的帮助，问她能否缝好。她教我如何开启和使用缝纫机，包括如何将针线转换为锯齿形。她还告诉我她会怎么做，就像自己要去缝补一样，随后就去忙自己的事情了。我最开始站在那儿毫无头绪，但是随后就坐下来，并把裤子缝好了。

尽管这些都是非常小的事，但对我来说很重要。它们教会我任何时候只要有可能，都应该靠自己来解决问题，它们给了我解决问题的自信，它们还让我体验到了完成这些事情时的自豪。虽然很可笑，但是每当我穿上袜子，看着我补过的地方，都会想：我补好了它。我已经不记得那条路易斯裤子的膝盖处被我补成什么样了，但是我可以肯定那一定不好看。当我看着它时，我想：也许我没有很漂亮地完成缝纫工作，但是让我感到骄傲的是我自己完成了它。

对于我的母亲，我曾经猜想过，当她看见我穿着膝盖上打着补丁的裤子去上学时会有什么感觉。一些母亲可能会不愿意让别人看到自己的小孩穿着这样的破衣服，因为那说明了家里经济拮据。但是我想，我的母亲看的不是我的裤子，而是看我，她也许在想：儿子做到了。

你给孩子留下的是什么

对于家庭，外包的危害不仅仅在于使孩子失去培养自己应用能力的机会，更严重的风险是失去了我们的价值。

不久前，我曾赞扬过一位朋友，他把自己的孩子培养成了杰出的人。他和妻子（我叫他们吉姆和诺玛）经营着一个很棒的家庭，他们的五个孩子各不相同，但都在自己的事业中取得了成功，选择了很棒的配偶，现在也已经有了自己的孩子，每个人都在不同的城市。

我问过吉姆和诺玛，他们是如何培养出这么出色的孩子的，于是他们分享了最宝贵的经验。诺玛说："当孩子们回来参加家庭聚会时，我喜欢听他们谈论成长时的经历，以及对他们的生活产生最大影响的事，而他们回忆的那些对他们来说重要的事我已经大都不记得了。当我问他们是否记得我和吉姆叫他们来分享我们认为最重要的价值时，他们也没有一点印象了。所以，我意识到**孩子们在自己准备好学习时才能学到东西，而不是在我们准备好教导他们的时候。**"

这种方式很好地阐释了培养孩子第三种能力——价值取向的重要性，它决定孩子们将把什么摆在第一位。实际上，这可能是我们能给予孩子的最重要的能力。

你也许可以回忆起自己童年里有过这样的时候：你从父母那里学到一些重要的东西，而他们没有意识到自己教给了你这些东西。当时你的父母可能并不是有意识地要教你做正确的选择，而是因为他们正好跟你在一起，他们的价值选择自然而然成了你学到的价值选择。这意味着，当孩子们准备好学习时，首先我们要在他们身边，其次我们需要通过自己的行为和选择来影响他们，让孩子们发现我们想让他们学习的东西。

曾经由家庭成员完成的工作被外包出去后，孩子们的生活出现了更多空闲，这些空闲被许多活动所填满，而这些活动中往往没有父母的参与。也就是说，当孩子们准备学习时，陪伴在他们身边的经常是我们不了解的人。

希腊人留给我们一个非常有趣的难题，最早出自普鲁塔克的记载，名为"忒修斯之船"。为了表示对创造了城市并俘虏了弥诺陶洛斯（牛头怪）的崇敬，雅典人不断更换忒修斯之船的配件以永久保存它，直到这艘船的最后一个部分被替换。

这个难题是：当最后一部分都已经被替换时，它还是"忒修斯之船"吗？雅典人仍然把它称作"忒修斯之船"，但它还是吗？

我要将它转换成一个类似的哲学问题：如果你的孩子从别人身上学到了价值取向，那他们到底是谁的孩子？

没错，他们仍然是你的孩子，但是你了解我想说的。并不是说每个与其他成年人在一起的时候都会导致孩子们形成不好的价值观，我也并不是要求你让孩子远离"巨大的坏世界"，而你必须在醒着的任何时候都在他们身边。

然而，关键在于即使你出于最好的目的，正在将越来越多的父母应该承担的责任外包出去的时候，你仍会失去越来越多为孩子们培养价值观的机会，这对孩子们来说也许是最重要的能力。

大多数父母都认为他们应该为孩子提供资源，你可以与你的邻居或朋友的孩子进行比较，你的孩子参加了多少活动、在学习什么乐器、在练习哪项运动，这是很容易测量并让你觉得开心的，但这种疼爱实际上却阻止了孩子们成为你所希望的人。

除了学习新技能，孩子们还应该有许多其他的事情。关于能力的理论告诉我们，孩子们需要被挑战，需要解决困难的问题，需要培养价值观。当你发现自己正在为孩子提供越来越多并没有让他们真正参与进去的经历时，你并没有在训练他们取得成功所需要的应用能力；如果你把孩子交给别人来提供所有的经验，这其实是将自己的责任外包，实际上你失去了将孩子培养为受人尊重和赞扬的人的宝贵机会。

孩子们会在自己准备好学习的时候学习，而不是在你准备好教他们的时候。如果当他们遇到生活中的挑战时你没有在他们身边，那么你就失去了塑造他们价值取向的重要机会。

第7章

经验学校

父母最重要的责任之一就是帮助孩子学会如何解决困难，这对他们面对日后生活中遇到的挑战至关重要，但是你要如何培养孩子们正确的能力呢？

他确实是最正确的员工吗

1979 年，作家汤姆·沃尔夫描述了世界上竞争最激烈的职业环境——美国战斗机驾驶员的筛选，这吸引了公众的目光。为了找出最佳人选，驾驶员们经受了一系列逐级递增的勇气测试，一种被称为"达尔文式战书"的测试[1]。早期美国宇航局的管理人员认为这就是找出天生具有"正确特质"的驾驶员的最佳途径，战胜令人惊悚的压力就是天生的英雄。

众多追求最佳人员配置的企业都会复制这种做法：不管怎样，总有一种决定性的方式来分辨出"好"与"杰出"。在企业，所谓的测试就是考察一个人的简历。你可以根据一个候选人的简历或者他的晋升履历来判断他能否在一个充满挑战的新职位上做出成绩。这个判断背

---

[1] 译者注：取自达尔文的"优胜劣汰"理论。

后的信念是：杰出的候选人实现过去的成就是因为他们有着天生的才能，这些才能都是候选人与生俱来的，它们都在沉睡，并等待着被发现和利用。招聘人员寻找的是取得了一次又一次成功的人，这是企业版的战斗机驾驶员测试。从简历上看，杰出的候选人总是看起来吸引人的，他们拥有沃尔夫所说的"正确的特质"。

如果一个候选人的过去显示他们一直在同一水平线上移动，或者没有得到明显的晋升，那么许多招聘人员会假设他缺乏"正确的特质"，就好像候选人原任职企业的决定说明了候选人已经达到了能力的最高点。

以这样的方式做决定是会犯错误的。有着成功轨迹的管理人员带着光环从一家企业进入另一家企业，却很快失败并退出的情况并不少见。在企业里，"一些拥有天赋的人只需要被发现"的想法已经被证明是不可靠的。企业习惯于以一系列看似合理的标准来筛选杰出的候选人，但这一系列标准是错误的。

几年前，在一项一千多名来自不同企业的领导人培训项目中，我以问卷的方式调查了下面这个问题：在你现在的职位中，从开始到现在，所有你选择雇用的或者提升的人中，有多大比例的人被证明是极好的选择？多大比例的人表现一般？多大比例的人被证明对于他的工作或职位来说是错误的人？

一千多名领导人自己计算出来的数据显示：比例分别是 1/3、2/5 和 1/4。

换句话说，也就是一个典型的经理在这方面会犯很多错误。他们可能追求生产或服务质量的零缺陷，但是在人员选择上20%的缺陷比例却被认为是可以接受的，而选择正确的人被许多人认为是他们最重要的责任。

如果"正确特质"的筛选不能预测未来的成功，那么什么能预测呢？我花了许多时间来寻找并尝试发展一种理论，帮助我的学生在日后的职业生涯中避免前面所提到的用人错误。在寻找的过程中，我读了一本又一本的书，但是这些书中只写了大概的想法，它们都提到要将"正确的人在正确的时间用在正确的岗位"上，也都举了成功公司的例子。许多书也都假设成功企业做的选择适用于每个企业，"如果你雇用的人属于成功企业雇用的类型，你也会获得成功"。这是拙劣的理论，实际上这些结论根本算不上真理，大多数情况下这些结论都是基于奇闻逸事和道听途说。

直到我读了美国南加州大学的教授摩根·麦考尔的作品，我才在这本名为《高瞻远瞩》的书中找到帮助人们更好地决定在未来雇用什么人的理论，它解释了为什么这么多经理都犯了用人错误。

沃尔夫的战斗机驾驶员也许是千里挑一，但麦考尔对于什么是真正的"正确特质"有着不一样的认识，他给了一个通俗的解释——那不是因为他们天生具有出众的能力，而是因为在他们的成长过程中，在高风险情况下如何应对挫折或强压的经验锻炼了他们的能力。

"正确特质"思维列出了与成功相关的技能，上述提到的理论中对此的描述是：寻找有"正确特质"的人就是看他们是否拥有翅膀和羽毛。

"经验学校"理论关注的是，他们真的飞翔了吗？如果飞了，那是在什么样的情况下？这一模型帮助你确认某人是否在早期的工作中解决过的问题与现在需要解决的相类似，根据之前提到的"能力"理论，这就是应用流程能力。

与"正确特质"模型不同，麦考尔的思路不是基于"伟大的领导是天生的"的想法，他认为管理能力是在生活中培养和塑造的。一个具有挑战性的任务、一次领导项目的失败、一次新领域的任务，都是经验学校的"课程"。领导者具有或者缺乏的技能很大程度上依赖于他们上过或者没上过的"课程"。

"正确的员工"并不一定适合你

由于没有使用这种思维方式,我在评估管理者时犯了错误,这种错误在过去几年的时间里发生的频率实际上比我愿意承认的要高。我在管理CPS技术公司的过程中就曾遇到过这样的情况。

CPS公司从事的业务是从高端陶瓷材料(如氧化铝和四氮化三硅)中提炼产品。在开始经营的前两年,我们打算从低水平的产品开始生产,并且决定聘请一名运营副总裁,因为我和来自麻省理工学院的同事都从未统筹管理过制造业的操作流程,所以这位运营副总裁的直接责任就是负责这方面事务,也就是将我们在实验室里进行的实验操作应用到距离实验室大约5英里(8046.72米)的工厂里生产产品。

经过三个月的寻找,我们锁定了两个候选人。

董事会里一位风险投资人向我们推荐了候选人A——一位非常有能力的人，曾经在一家拥有数十亿美元资产的跨国企业里担任运营副总裁。我们欣赏他们生产的产品质量，包括非常复杂的氧化锆，这种产品可以经受快速震动而不至于折断。

第二名候选人B，曾经是里克的老板，里克是我们最尊敬的工程师之一，他极力推荐B。B曾经在企业前线工作过，他看起来——毫不夸张地说，手指甲里还有脏东西；他刚刚关闭位于伊利湖和宾夕法尼亚附近的两家以传统技术生产陶瓷材料用于绝缘材料氧化铝的工厂，以摆脱昂贵的工会合同。三个月前，他将大部分操作设备转移到田纳西州的村镇，在那里新建了一家工厂；他没有大学文凭。我们公司的高级经理更倾向于B，而且说是因为他的指甲。

董事会里两位风险资本投资者则强烈支持候选人A，他们对CPS技术公司抱以很高的期望，而A曾经担任高级管理人的公司是我们想要尽力赶超的公司，他清楚地知道一家生产高端技术产品的跨国公司是如何运作的，他曾经有过20亿美元销售额的业绩。董事会并不倾向于选择拥有低端技术背景的B候选人，他所在的公司是一个家族企业，有3000万美元的收入。

最终，我们选择了A，并花了将近25万美元帮他从东京移居到波士顿。他是一个和善的人，但是在CPS，他却没有管理好操作流程和工厂，于是18个月后我们不得不要求他辞职。而那时候选人B已经有了另外一份工作，所以我们不得不重新寻找人选。

最初我们没有以麦考尔的理论作为指导,但是我们多么希望那时能这么做。A 确实统辖管理过许多运作,但它们都已经处于稳定期,他从未创办和建设过工厂,所以他对新建工厂以及统筹新流程会遇到的问题没有足够的了解。此外,他以团队为基础进行的管理,只是管理工人,而不是与工人并肩工作。

当我们以简历为基础比较候选人时,A 脱颖而出。要从他们的简历中寻找支持,那么应该是 B 获胜,因为他的简历告诉我们,他在经验学校里上过正确的课,包括"使用实验室里的技术,打造产品生产的工作流程,首先是试验性的生产,然后再是批量生产",他解决过我们甚至不知道会遇到的问题。换句话说,B 有足够的能力做好这份工作。

在选择更加优秀的候选人时,我们使自己在资源与应用流程能力上偏向于关注资源,也就是我之前谈到的家长们常做的事,这是一种很容易犯的错误,即使是大企业也经常犯。

举个关于 Pandesic 的故事,它是由两家世界上最强大的技术企业——Intel 和 SAP 合资创办的,他们也犯了我和我的同事在为 CPS 技术公司聘请执行副总裁时所犯的错误,只是他们是在更大的范围内。

Pandesic 成立于 1997 年,致力于开发中小型企业负担得起的 SAP 企业资源管理软件,它被寄予厚望——实现了 1 亿美元的融资。Intel 和 SAP 都挑选出它们评价最高的人员来领导这一合资企业。

但是仅仅三年以后，它就宣布失败，没有实现计划中的任何一项工作。

事后诸葛亮总是比较容易做的，后来我们可以很清楚地分析出所有事情本来不是这种情况：尽管两家公司选择的都是有着丰富经验的人，但他们却不是这项工作的最佳人选。

运用麦考尔的理论，我们可以对这个结果形成认识——尽管 Pandesic 的高级管理团队都有着出众的简历，但他们中没有人懂得在之前的战略不适用时怎么调整战略，没有人从事过如何使一个壮大前的新品牌获利的工作，没有人经历过一个从无到有的创造过程。

Pandesic 团队都习惯于运行有序的、资源丰富的公司，在这个系统里，每个人只是其中的一个齿轮。公司靠着这个系统在运作，而这个系统中的每一个齿轮所具备的能力往往只能依赖于这个系统在它现有的位置上起作用。Intel 和 SAP 所挑选的人员能够管理跟它一样的公司，而不是一个新成立的公司，他们并没有创办和管理新项目的经验，这使得 Pandesic 成为 Intel 和 SAP 公司历史上的败笔。

为你的经验课程做好计划

麦考尔的理论告诉我们，在经验学校学习正确的课程将帮助我们在所有情况下提高成功的可能性。

诺兰·阿奇博尔德是我非常钦佩的一位首席执行官，他曾为我的学生做过关于麦考尔理论的演讲。阿奇博尔德有着非常成功的职业，是世界五百强企业百得公司最年轻的首席执行官。

退休后，他曾与我的学生讨论他是如何规划职业的，他所说的并不全是他的简历上提到的，为什么呢？尽管这不是他的原话，但他的意思是：他通过在经验学校里学习特殊的课程来规划自己的职业。阿奇博尔德在毕业时心里就有着清晰的目标，即成为一家成功企业的首席执行官。许多人认为声望高的工作可以作为实现目标的跳板，他却问自己："要成为一位有能力的、成功的首席执行官，我需要学习和掌握什么？"

这意味着阿奇博尔德将以不同寻常的方式开始他早期的职业——这是商学院的其他伙伴所不能理解的方式。他选择的不是能够帮助他快速晋升到首席执行官的工作，而是有意识地选择能够为他提供经验的工作，他说："我不会根据工作所提供的报酬和声望来做决定。相反，我会考虑某项工作能否为我带来我所需要的经验。"

阿奇博尔德从商学院毕业后的第一份工作不是风光的咨询顾问，而是在魁北克的一家石棉矿生产企业工作。他认为在困难的条件下领导员工的经历将帮助他学习到成为首席执行官所需要的经验。这只是他许多类似决定中的一个。

他的战略获得了成功，不久以后他就成了毕崔斯的首席执行官。在他42岁的时候，实现了更高的目标，他被任命为百得公司的首席执行官，成为世界五百强企业最年轻的首席执行官。他在这个职位上工作了二十四年。

只对 5 个人开放的课程

所有这一切是否意味着我们不应该聘请或提升没有做过这个岗位所需工作的人？答案是：要视情况而定。

在一个新成立的企业里，还没有形成一定的工作流程，所以每件事只能依靠人来完成，即这家企业的资源。这种情况下，将新企业交给没有这方面经验的人是很冒险的，因为在没有工作流程指导人们工作的情况下，就需要一位有经验的人来领导。但是在已经形成引导员工工作的流程，且在细节上更少依赖于管理人员的公司中，聘请或提拔需要在实际工作中学习的人就更有意义。

不光在企业，许多其他领域也一样，在真正需要完成一项工作之前培养人的实际经验是非常有价值的。

小时候我最喜欢的篮球队的教练非常注重于赢球以及以大比分

赢球。作为球迷，我喜欢看到我的球队以 30 分的优势打败对手。对于这支球队，我只知道 5 名首发球员的名字，也大概知道一到两名偶尔会上场几分钟的替补球员的名字，而对其他人则一无所知，这是因为这位教练自信地认为没有人能打败这 5 个人的团队，所以总是让这 5 个人负责整场比赛。这意味着我们是以 35 分的差距赢得比赛的，而不是 25 分，作为喜欢这支球队的小男孩，我没有更高的要求。

这 5 名球员下场坐在长凳上时则说明那是"垃圾时间"，即任何人都无法对比赛结果产生影响的一两分钟时间。我和我的朋友称那些替补球员为"二流球员"，而没意识到他们是最好的篮球队里最好的队员，这些出色的好球员甚至没有机会在赛场上为自己的球队进一球。

然而，我记得有一场比赛让我意识到那位教练追求赢球以及以大比分赢球的局限性。与往常一样，他们在通往决赛的路上一路获胜，但是那一年他们的对手表现异常出色，所以开场后 5 名球员必须付出比往常更大的努力去达到教练期望的领先比分。到第三节结束时，这几名球员已经筋疲力尽。我记得从电视上看到那位教练正望着整条长凳（试图寻找一名信得过的替补队员接替场上队员），而在以前的比赛中，不到最后几分钟，比赛结果已经没有悬念时，他从不这么做。这一次，在关键时候他需要一名可以参加比赛的队员，但问题是，他没有找到一个他信得过的人，因为他从未让替补球员参与到高强度的训练中，锻炼他们在压力下比赛的能力。所以，他只能让场上的队员继续比赛。最终，他们输了比赛。

这名教练"如何面对压力"的课程没有向大多数人开放，只向他的 5 名首发队员开放。最终，他的队伍为此付出了代价。

让你的孩子多经历自己的生活

回想一下你自己的生活，我敢打赌你一定参加过各种各样的经验学校的课程，有一些就像上述篮球队应对压力的课程一样，比其他课程更加困难。显然，如果你能在出现需要之前知道掌握哪些课程对你来说更重要，这将会对你十分有益。

对于父母来说，你可以找出许多小机会帮助孩子提前学习重要课程。如果你想到孩子要取得成功所需要的课程，并教他们从中学到正确的经验，那么你所做的事就与诺兰·阿奇博尔德一样。鼓励孩子们为高目标奋斗，如果他们没有取得成功，那么你需要帮助他们学习正确的经验：当你要追求的是伟大的目标时，有时不能实现是不可避免的。你应该要求他们自己爬起来，掸去身上的灰尘，然后再次尝试，告诉他们没有偶尔的失败就不能取得更大的成就。每个人都知道如何庆祝成功，但是你还应该在孩子们为力所不能及的目标而努力时庆祝失败。

这对于父母来说可能是件困难的事，我们的社会更注重于培养孩子的自信心，不让他们在任何一场比赛中打输，只要他们付出了努力就称赞他们，但是从不要求他们思考是否能做得更好。从很小的年纪开始，许多参加体育比赛的孩子就开始期待奖牌、奖品或者参加比赛就能获得的丝带，而这些奖牌和奖品将被堆放在房间的角落，并且随着时间的流逝变得毫无意义，孩子们没有从它们身上学到任何东西。

从某种意义上来说，这些奖励都是为父母得的，从奖牌和丝带的累积中得到最多东西的正是父母，在孩子取得成绩时祝贺他们确实感觉要比在失败时安慰他们好得多。实际上，对于许多家长来说，以自己的介入来确保孩子们总能取得成功是一件诱人的事，但是对于孩子来说，他们从中得到了什么呢？

在过去的几年里，当我们在玩"童子军"游戏时，我总是要求我的孩子负责组织自己的营帐，而不是让父母帮忙。当他们不得不自己完成时，就学会了如何计划和组织、如何分配责任、如何在团队内沟通，以及如何珍惜自己所做的工作。

父母帮忙并且每次都将该做的事情列成清单给孩子，也许会让事情变得更加简单，如果由父母操办所有细节，那么孩子们一定会玩得很开心，但是这就阻止了他们在实践中学习重要课程——**领导力、组织能力以及责任感**。

我们有机会帮助孩子学习生活中的课程，当然并不是所有的经验都是好课程。比如，许多家长都会遇到一种也许全世界家庭的晚餐上都会遇到的情况：一个孩子说他有一份报告或作业明天要交，但是他还没有开始做，而这份报告的分数很重要，父母都不希望他们的孩子得到很差的分数。这就引起了父母的紧张。

在这种情况下，父母该怎么做呢？

不仅会有许多家长推迟睡觉时间来让孩子完成他们的作业，一些家长甚至还亲自帮孩子完成作业，希望这能帮助孩子得到好的分数。父母是出于好意：他们希望高分能帮助孩子保持自信心，他们甚至会想"如果我帮孩子完成作业，至少他可以睡个好觉，以好的状态面对明天的挑战"，或者是"我帮孩子解决了困难，我是一个能支持孩子的家长"。

但是，考虑一下你刚刚帮助他们的决定给他们上了一堂什么样的课？你给他们上了一堂"名著导读"课，教会他们如何在工作中走捷径，告诉他们"我的父母会帮我解决问题，不需要我自己解决，分数比作业本身更重要"。

那么下一次你的孩子再出现这样的情况时会怎样呢？他会在晚饭时说他需要帮助，然后你就需要熬到凌晨3点为他完成作业。

勇敢的父母应该给孩子更加艰难但是更加有价值的课程，让他们看到忽略重要工作的后果：他们需要做到很晚来完成作业，或者他们会看到没有完成作业会发生什么。当然，孩子也会得到很差的分数，家长可能会比孩子更不开心。但是孩子们会因为自己造成这样的后果而不开心，并且我打赌他们不会让这样的事情再次发生，他们会知道如何去避免这样的事情发生。

创造经验课程

如果孩子没有面对过艰难的挑战，或者没有面对过失败，他们就没有培养起生活中所需要的韧性，那些不具备这种韧性能力的孩子在他们的职业生涯中遇到绊脚石时将会失败。

作为父母，你并不希望这种情况发生在你的孩子身上，你应该有意识地考虑自己希望培养孩子具备什么样的能力，以及什么样的经验可以帮助他们。同时你还应该考虑如何为孩子们创造机会培养那些能力，以及提供相关经验。这也许并不容易，但将是有价值的。

我的一个朋友发现8岁女儿的作业有抄袭现象，她温和地向孩子询问了此事。她问女儿"为什么要屈服于曾经抛弃她的父亲"这句话是什么意思，女儿没直接回答这个问题，而是出乎意料地说："妈妈，这没关系的。"

母亲意识到抄袭是件大事，它可能影响孩子上高中、大学以及她的职业生涯,"没关系,不需要太介意"会使得女儿养成不专业的习惯。她决定请求老师帮忙为孩子创造机会认识错误,并从中学到东西获得成长。这位老师私底下通过温和的方式让孩子感到羞愧——不管老师说了什么,总之奏效了。孩子回到家后,就径直走到电脑前开始改写自己的报告。文章不是很好,也没有深度,但都是她自己写的。我的朋友教会她的女儿在被发现抄袭后如何补救,当抄袭变得有所谓后,她以后就不会再这么做了。

为孩子创造经验并不能保证他们学到需要的东西,如果出现这样的情况,你应该考虑为什么这些经验没有实现你的目的。你可能需要反复尝试直到找到正确的答案,对父母来说,很重要的一件事就是不要放弃——不要放弃帮助孩子学习正确的经验,为他们未来的生活做好准备。

就像本章开头聘请经理的例子一样,许多家长通过分数来评价孩子的成就,但从长远的角度看,**更重要的是孩子在各种经验学校中学到了什么,这是比奖励或奖品更能保证他们在外面世界的冒险中取得成功的关键。**

面对挑战的能力对于孩子而言是非常重要的,它可以帮助孩子锻炼和培养成功所需要的技能。应付一位严厉的老师、面对体育比赛中的失利、应对学校复杂的派系等都是经验学校的"课程"。我们都知道人们在工作中的失败往往不是因为他们没有能力,而是因为他们没有足够的经验,换句话说,他们参加了错误的"课程"。

许多家长具有天然的倾向，只关注孩子的简历：高分数、比赛获奖等。然而，这是错误的做法，因为你忽略了给孩子提供为其未来打基础所需要学习的"课程"。当你发现这个错误后就要去弥补它——找到帮助孩子获得成功所需要的经验，这是你能给他们的最好的礼物之一。

第8章

家庭中那只看不见的手——家庭文化

我们中的大多数人对家庭生活都有美好的想象。在我们的想象中，我们的孩子品行端正，并且崇拜、尊重我们。孩子长大后，即使不在身边，也会让我们为他们感到骄傲。但是，正如任何有经验的父母告诉我们的那样，想象中的家庭与事实往往是完全不同的两码事。

文化是帮助我们缩小理想与现实差距的有力工具之一，我们需要理解它如何对家庭产生影响，并且做好塑造它的准备。

家庭文化，让我们保持一致的价值取向

作为父母，我们都会有同样的担心——孩子总有一天需要面对各种艰难的抉择，而我们无法在他们身边帮助他们做出正确的选择。他们也许会跟朋友一起飞去一个遥远的国家，也许会在大学的考试中作弊，又或许他们需要决定是否去帮助一个完全陌生的人，去做很可能会影响这个陌生人一生的事。我们能做的只是希望我们对他们的教育足以让他们独自做出正确的选择。

但问题是，我们怎么做才能保证我们对他们的教育能达到这样的效果呢？

我们不能简单地认为只要制定家庭准则就够了，还需要一些更基本的东西，而且要在孩子们需要独自面对选择之前的很长一段时间就开始。我们首先得帮助他们形成正确的行为价值取向，以便他们在面临选择时懂得如何去评估不同的选择，从而选择正确的行为，而最好

的培养孩子价值取向的工具就是我们所营造的家庭文化。

从这方面来说，企业与家庭非常相似。就像你的父母希望你能做出正确的决定一样，企业的领导也希望所有中层经理和员工能在没有持续监督的情况下做出正确的选择。这不是现在才有的事，往前推及古罗马时代，帝王往往需要派遣一位他的臣属代替他统治和管理千里之外新征服的疆域。帝王望着臣属乘着战车翻过山岭时，他也清楚地知道，他将在很长时间内见不到他的臣属。这时帝王需要肯定他派去的人跟他有一样的行为价值倾向，并且会运用已被证明行之有效，同时为大家所接受的方式去解决问题。文化，是能够为之提供保障的唯一途径。

文化如何在一家公司中形成

"文化"一词，我们每天都能频繁听到，也有许多人将它与不同的事物联系起来。比如，对于一家公司来说，大家一般会把可以看到的构成其工作环境的元素理解为这家公司的文化：便装星期五、自助餐厅里的免费苏打水，或者是能够携带宠物进入办公室等。麻省理工学院的艾德佳·沙因是世界上领先的组织文化学学者之一，根据他的解释，上述谈到的不能被定义为文化，它们只是文化的人工制品。允许穿T恤衫和短裙的公司也有可能有着非常鲜明的等级制度，那么，这样的公司还可能拥有较为随意的文化吗？

公司文化不仅仅是一般意义上的办公室风格或者公司的指导路线。沙因给文化下的定义，以及对文化如何形成的解释如下：

文化，是人们朝着一个共同的目标一起工作的方式，这种方式一直被大家所沿用并且一直行之有效，以至于人们根本不会想到要以另一种方式去做事。特定文化一经形成，人们就自动地去做要取得成功需要做的事。

这种文化不是一夜之间形成的，而是在共同工作中不断积累的结果，对于一家公司来说，这种文化的形成就是员工在共同解决问题的过程中确定什么方式更行之有效的过程。每个组织都会时不时出现一些新的问题或挑战——"我们怎么解决这位顾客的投诉？""我们是否应该等到通过下一轮质量测试再推出产品？""哪个客户才是最重要的？""谁的要求需要我们关注，谁的要求可以忽略？""在决定是否推出一个新产品时，'足够好'的评价是否符合我们的标准？"

以上每个问题出现时，负责解决问题的人都会共同决定要做些什么以及如何成功解决问题，如果他们所做的决定以及接下来采取的行动能成功解决问题，例如管理层决定使产品质量"足够好"，以获得消费者满意的评价，那么接下来当再次遇到类似问题时，员工将做出一样的决定并且采取相同方式解决问题。

但是另一方面，如果决策失误，例如在面对顾客的抱怨时经理采取的方式是谴责顾客，使得双方更加不愉快，那么接下来面对类似问题时员工将会采取类似的解决方式。问题出现时，要做的不仅仅是解决问题本身，还要在解决问题的过程中明确什么是重要的，用前面有关能力的章节的话来说，他们在这个过程中形成了对公司价值取向的理解，并学会如何去实践这一价值取向。一个组织的文化则是其内部取向与过程的独特组合，只要他们所选择的方式对解决问题持续有效——不一定要完美，只要行之有效——久而久之将形成特定的文化，并且成为公司员工在面临选择时遵循的规章或指南。如果这样的合作方式以及对重要性的评价一直对解决问题行之有效，最终公司的员工就将习惯于这样的方式，不需要再询问，他们会相信自己一直采取的方式就是应该采取的方式。这样一来的好处就是组织可以进行有效的自我管理，管理层不需要时时强调规章制度，员工就能自觉地去做他们需要做的事。

许多公司都是营造强有力企业文化的成功典范。

皮克斯动画工厂以出品众多独具一格且被高度赞扬的儿童电影而出名，例如《海底总动员》《飞屋环游记》《玩具总动员》等，它看起来与其他动画制作工厂没有太大区别，但是皮克斯的特别之处在于它营造了一种独特的文化。

首先，它的创作过程与众不同。大多数电影制作公司设有开发部门，电影相关的创意主要从这里产生，再由导演负责将想法转变为电影。而皮克斯不同，它没有将开发新想法的任务交给一个专门的小组，也没有让导演只负责将他人的想法付诸实施。相反，皮克斯意识到导演们更有动机去按照自己的想法创作电影，所以皮克斯专注于帮助导演提炼灵感。针对一个故事，皮克斯的开发小组负责每天为其输入新的想法，这个过程是在整个公司范围内进行的。这个过程也包括从不属于电影创作团队的员工处获取他们对每个故事毫无保留的评价和反馈。评价过程也许是非常残酷的，但是皮克斯的员工都愿意去尊重这种诚实而毫无保留的批判，因为他们有着相同的目标，那就是创作高质量的原创电影。这就是他们的共同价值取向——之所以毫无保留、诚实地批判更加具有价值，是因为它能使皮克斯创作的电影更加接近他们的目标。

以上谈到的创作过程和企业的行为倾向构成了皮克斯的创新文化，正因为在这样的创新文化的影响下创作出来的一部部电影都取得了成功，它才逐渐被大家所认可。现在，皮克斯的员工不会觉得他们在批判某个电影故事时应该有所保留，因为这种做法只会影响公司目标的实现，他们清楚地知道创作出一部优秀的电影才是首要的。

并不是说电影制作行业的所有公司都应该以皮克斯的方式进行运作，我们只能说皮克斯在年复一年的运作中非常成功地运用了这种方式。现在，皮克斯的员工不需要咨询他人在工作中要如何表现、如何做决定，或者是面对选择时如何权衡。由于皮克斯强有力的文化，它已经成为员工在很多方面很好地进行自我管理的一个公司。管理层不需要参与到每个决策过程，因为公司的文化就像一个管理机构，无形中已经参与到每一个决策的形成过程中。

只要公司的竞争对手和技术环境没有发生变化，公司的文化就能一直发挥它的作用，但是如果整个环境发生重大变化，公司根深蒂固的文化又会成为变革的阻力。

沙因关于如何形成组织文化的理论有助于管理层营造特有的组织文化，只要他们遵循文化形成的规律。这一过程开始于确定一个重复出现的需要解决的问题。要有一个团队来商量并确定如何更有效地解决这一问题。一旦取得一次成功，当同样的问题不断重复出现时，管理层应当要求同样一个团队用同样的方法去解决它。

如此循环往复，成功解决这一问题的次数越多，这一方法就越有可能成为大家自然而然接受的方法。文化在任何组织中的形成都是某种方式被不断重复的过程，这种被重复使用的方式逐渐演变成这一组织的文化。

许多公司认为，营造公司文化的价值在于能够通过公司文化而不是管理层去引导员工做正确的事。一旦被证明行之有效，公司就会将其以书面形式阐述出来并且尽可能经常讨论。比如奈飞公司（Netflix），它花费了大量时间去阐释它的文化并将其以书面形式表现出来——这也许不适合所有人采用。Netflix写下来的文化不仅仅是给员工看的，还供人在互联网上免费查阅。它包括以下内容：

◎没有休假政策。只要你在工作中有出色的表现，完成自己分内的事，那么你想休息多长时间都可以。

◎只要杰出员工。不能胜任工作，你将获得一笔不菲的遣散费，以便公司能够雇用更好的员工来接替你的位置。

◎"自由与责任"对比"命令与控制"。好的管理者懂得适当给予员工做决定的权力，这样一来员工才能发挥自己的才能去做决定。

但是，管理层不能把时间都花费在决定将什么确定为文化内涵，他们做的每个决定都应该与既定文化绝对一致。Netflix 最初确立声望就是因为其言行一致，但事实并不总是这样，许多公司发布与其文化相关的文件后却没能按其要求运行，这也是常见的事。

这种现象有许多著名的例子。

安然公司有"远见与价值"的宣言，它的目的在于使员工遵循以下四项价值观：尊重、正直、沟通与卓越。第一项"尊重"的具体要求如下（刊登在《纽约时报》上的报道）："我们以希望别人对待自己的方式去对待他人，我们不能容忍侮辱与无礼。冷酷无情、麻木不仁、狂妄自大都不属于这里。"

但是，很显然，事实上安然公司并没有严格遵守它所推崇的价值观。

如果你没有将文化系统阐释出来，或者阐释并记录下来后却没有很好地去遵循并实践，相应的文化依然会产生，然而，文化是基于处理问题的过程和做选择时的价值取向被一个组织不断重复使用，且被证明有效的基础上形成的，一个组织的文化是否健康，需要看其对下面问题的回答：当公司的员工需要选择如何去做一件事时，他们的选择是不是公司文化所要求的？收到的效果是否也符合公司文化的要求？如果这些因素没有得到满足，那么单单一个错误的决定或其后果就能轻易地使一个公司的文化走向歧途。

用好的运作方式，管理好我们的家庭和孩子

企业与家庭的相似之处很明显，就像企业的经理指望员工在解决问题时能够运用正确的价值观去选择一样，父母也希望设定价值取向，以便家庭成员在解决问题或者面临困境时能够本能地遵循这一价值取向，而不需要父母时时在身边指导或者监督。孩子们也不需要停下来思考父母会希望他们怎么做，他们只需要以自己习惯的方式去做就行，因为家庭文化已经深深影响了他们——这就是一个家庭的运作方式。

一种文化可以是有意识创造的，也有可能是在无意中形成的。如果你希望为你的家庭营造具有特定价值取向的文化，让家庭成员的行为能够以此为导向，那么你就需要事先把这种价值取向注入家庭文化当中——这可以通过之前提到的步骤来实现。

如果你希望为家庭营造崇尚善良的家庭文化，那么当你的孩子第

一次遇到需要选择是否以善良的方式解决问题时，你就应该引导他们选择这一方式，并且帮助他们认识到这样的选择是正确的。如果孩子们没有选择以善良的方式解决问题，那么你应该把他们叫过来，向他们解释为什么不应该选择以不善良的方式解决问题。

这其实并不像说的这么简单。

首先，你在组建一个家庭时，你自己已经深受你所成长的家庭文化的影响，如果你伴侣的家庭文化与你的截然不同，那么这种情况将为你营造自己的家庭文化带来挑战。你们二人因为受到不同家庭文化的影响，要对某件事达成共识不是一件容易的事，随后有着不同于你们的态度和思路的孩子又会加入进来，这是塑造一种家庭文化很困难的原因之一，也是需要清楚地知道你要塑造的文化并积极主动去实现它的原因。

我同我的妻子刚结婚时，我们就定下一个目标——塑造我们特定的家庭文化。我们并没有从文化的角度去考虑它，但事实上它就是我们所说的文化。我们决定有意识地营造一种氛围，希望我们的孩子互助互爱，希望他们天生顺从上帝，希望他们是善良的，最后，我们还希望他们热爱工作。

我们所选择的文化是适合我们家庭的文化，每个家庭都应该选择适合自己的文化。就像沙因的理论所说的那样，关键是你需要明确哪些因素对你来说是重要的，然后塑造相应的文化来巩固这些因素。我们需要选择我们的行为以及我们想要达到的结果。这样一来，当家庭中任何一位成员需要再次做出同样的行为时，就会想："我们都是这么做的。"

在我的例子中，我和妻子知道不能光靠简单地给孩子下命令就让他们喜爱工作。相反，我们总是尝试各种不同的方式，让孩子们跟我们一起工作，并且从中获得乐趣。比如我不会独自一人在花园里忙活，我会叫上一个或两个孩子，让他们跟我一起推割草机。开始的很长一段时间里，他们都帮不上忙，两个孩子握住割草机，我只能勉强使它碰到地面，更谈不上割草了。但是这有什么关系呢，重要的是这个过程让我教会孩子劳动是一件快乐的事。我们一起完成一件事是非常有意思的，我也会确保他们知道自己是在帮助父亲，帮助自己的家庭。

不久以后，这一观念被深深植入家庭文化当中，这不是通过魔术或者由幸运造就的，而是通过一些有意设计的活动和类似一起割草这样的简单事情实现的。我们尝试通过自己的行为体现这一观念，并确保孩子们知道我们为什么要劳动，并且每次都会对他们的工作表示感谢。

正是出于这个原因，当回顾过去时，我非常庆幸孩子们还小的时候我们没有足够的钱购买一幢好的房子。那时我们只买得起一幢较为破旧的房子，而且我们支付不起请人修理房子的费用，所有需要修理的东西都由我和孩子们来完成。现在，许多人都觉得那实在是一件复杂的事，而那时我们也是这么觉得的。

但是无意中我们却选择了一个能够提供给我们一家人共同工作的

地方。尽管将庞大的修理工程外包出去是一件很诱惑人的事，但是我们负担不起其中的费用，一切只能自己来完成。整幢房子没有一面墙壁或者天花板的拆除、增建、粉刷或者油漆不是在孩子们的帮助下完成的。我们使用同割草一样的准则，也就是使劳动变得愉快，并且总是感谢孩子们的协助。在共同修理房子的过程中还有额外的收获，孩子们走进任何一间房间，看见墙壁都会说"这面墙壁是我刷的"，或者"这是我磨光的"。他们不仅记得我们一起工作时的快乐，还为他们所完成的工作感到骄傲。

最终，他们喜欢上了工作。

在共同修理房子的过程中，我们逐渐建立了克里斯坦森家的家庭文化。在不断的共同劳动中，我们实现了对以下问题的共同理解：什么是需要优先考虑的，如何解决问题以及什么是真正重要的。

不要弄错：一种文化的形成，不以你的意志为转移，关键在于你愿意付出多大的努力去影响它。营造一种文化不可能一蹴而就，不是你做出决定、有过一定的沟通，然后就能期望它马上自行发挥作用的。你需要确定当你要求孩子做什么事，或者告诉你的配偶你要去做什么事时，你能去执行并且坚持到底。显然，大多数人都努力使自己言行一致，但是在日复一日的生活压力下，保持言行一致也许很难。很多时候，要求父母坚守准则比要求孩子更难。许多疲惫的父母会发现坚守最初的准则非常难。无意间，他们就使一种怠惰或者蔑视准则的文化影响了自己的家庭。

当孩子们以打架的方式从兄弟姐妹手中得到想要的东西，或者跟父母顶嘴从而使父母妥协并收回不合情理的要求时，他们可能会因为觉得自己获得了成功而得意扬扬。允许这种行为发生实际上是在塑造一种家庭文化——这种文化教育孩子们世界就是以这种方式运作的，他们可以用这样的方式去实现自己的目标！

你需要在孩子们还小的时候就开始有意识地培养他们对"成功"的理解，使之成为你想要塑造的文化的一部分。

举个例子，这是我们的一个儿子小时候的事，他的班上有一群小孩欺负一个同学，但是没有人去制止。善良一直是我们的培养目标之一，但那时它还未成为我们的家庭文化的一部分，于是我们想出一条新的家庭口号："我们希望我们的家以善良而闻名。"我们通过交谈的方式来引导他，谈话中我们特别指导他如何去帮助被欺负的同学。当他帮助了同学时会得到我们的赞扬，其他孩子表现出善良的举动时也一样。最终，我们使善良成为家庭文化的一部分。

一段时间以后，它产生了我们希望看到的影响，我们的每个孩子都成了善良的男士或女士。无论他们身在世界的哪个角落，我都不用担心当他们遇到问题时会如何处理，我相信他们的第一个想法就是："我们希望我们的家以善良而闻名。"

另外要说的是，我们所选择的家庭文化不一定适用于任何家庭及其成员。重要的是理解如何去塑造一种文化，这样你才能使之朝着想要的方向发展。考虑这个问题的时候，我邀请你重温战略的定义过程。这当中有经过深思熟虑的计划，有意外出现的问题和机会，考虑到资源分配的问题，你需要把时间、精力和才能以最高效的组合方式进行配置，那么许多机会就不可兼得。

以我的职业选择为例，成为《华尔街日报》记者是经过深思熟虑的计划，但是当其他机会——包括我现在选择的教师职业——出现时，它就被我放弃了。然而，我庆幸没有允许周密战略决定我成为什么样的人。

你应当以类似的视角去考虑你要创造的家庭文化，孩子们喜爱的职业和兴趣爱好很可能完全不同，而你的家庭文化应当是欢迎这种多样性的。但是我也建议，对于家庭文化的基本方面则应该保持一致性，而不应该使其具有多样性。处理好一致性与多样性将是每个人快乐与骄傲的源泉。

这需要时刻保持对与错的警觉性，对于家庭成员所做的任何事，都要设想一下如果他一直采取这样的做法会怎样，即使是像两个孩子打架一样简单的事也需要引起注意。当其中一个孩子哭着跑来向你告状时，你会如何反应？会不自觉地就去惩罚另一个孩子吗？会要求哭泣的孩子擦掉眼泪吗？会叫来另一个孩子，两个人一起惩罚吗？会告诉来告状的孩子他不应该参与打架吗？

不论你做出何种反应，以后发生同样的事，来告状的孩子都会知道其后果是什么，他们也会逐渐认识到打架有什么后果。如果你一直都采取相同的处理方式，那么久而久之孩子的行为就会受其影响。

如果你对此不理不睬呢？当许多家长步入中年，而他们的孩子已经成长为青少年时，他们发现自己忽略了最重要的一项工作——作为父母的工作。孩子们在足够长的时间内没有得到引导和管教，他们的行为就会很快形成一种家庭文化，这时它将很难再被改变。

每位家长都希望他们抚养的孩子在没有监督的情况下也能做出正确的选择，而实现这一愿望最有效的方式就是创造一种正确的家庭文化。家庭文化将成为家庭行为的一种非正式但是强有力的指导方针。

当人们共同工作、解决重复出现的挑战时，就会逐渐形成标准，对于家庭也同样适用：当你第一次面临某个问题，或者需要跟其他家庭成员一起做某件事时，你都需要找出一个解决方法。

你不能仅仅控制孩子们的坏行为，还需要表扬孩子们的好行为。你的家庭更重视什么？是创造力、努力工作、企业家精神、慷慨，还是谦逊？你的孩子知道他们做什么能得到父母一句"干得好"的称赞吗？

这就是文化的强大之处，它就像一台自动驾驶仪，重点是你要明白要使它有效地发挥作用，就需要对它进行适当的规划——首先你想要的文化需要在家庭中塑造起来。如果没有在家庭成立的早期就有意识地去塑造并巩固它，那么就可能会形成一种你不喜欢的家庭文化。教导孩子摆脱懒惰和无礼的行为，告诉他们你因为他们努力解决某个问题而感到骄傲，这实际上都是在塑造家庭文化。

尽管对于父母来说，始终保持行为一致，并且当孩子做对某件事时给他们积极的反馈不是一件容易的事，但是文化就是在这种日常生活的互动中逐渐形成的，而且文化一旦形成，就几乎不可能再改变。

Part 3

如何确定你能正直一生,远离犯罪

> 通往地狱最安全的是那条最平坦的路——斜坡是平缓的,脚下的路是柔软的,这条路上没有柳暗花明的惊喜,没有里程碑,也没有方向标。
>
> ——C.S. 路易斯

到现在为止，我已经提供了许多理论，教你如何面对在职业和生活中寻找幸福时遇到的挑战。

在本书的最后一章，我只想用一种理论去探讨如何保持正直的人生，从很多方面来说，这是很简单的。本章篇幅较短，这是我有意为之，但我相信它具有同样强大的功能，并且普遍适用。

我无法预测在你的整个生命中将会遇到的情况，以及面临的精神困境。此外，你遇到的也会不同于任何人。所以我能提供的只是一种方法，教你在考虑每种行为将产生的后果的基础上做出正确的选择。

在生活中，正确的道路通往的地方与错误的道路通往的地方都同样难以预测。好人有可能做坏事，反之亦然。**面对这样的不确定性，唯一的解决办法就是认清自己所处的位置，当你达到任何一个目标时都能够清楚地知道自己想要成为什么样的人。**

你首先需要确定自己希望成为什么样的人，你坚持什么以及会在什么时候坚持它——你应该在所有的时候都坚持，而不是有时候，也不是大多数时候。我将介绍"**完全成本理论**"与"**边缘思维理论**"，它们可以帮助回答最后一个问题。

第9章
仅此一次的错误

许多人认为生活中有关道德的重要决定,都会闪烁着红色警示灯告诫我们:注意,这是一个重要决定。几乎每个人都对自己抱有这样的信心,无论我们多么忙碌,或是无论结果会怎样,我们都会做出符合道德的正确选择。你认识的人里应该很少有认为自己不够正直的吧!

问题是,在生活中情况往往不是这样的——并没有警示标志告诉你这个决定很重要。相反,许多人面对的是一系列日常的琐碎决定,这些决定看似微不足道,但是久而久之,这些小决定很可能产生巨大的影响。

对于公司也是一样,没有一家公司会故意给竞争对手扳倒自己的机会,然而一些很久以前做的看似无害的决定却极有可能在日后给了对方扳倒自己的机会。本章中,我将介绍这种情况是如何发生的,以便以此为鉴,避免掉入这个最有欺骗性的陷阱。

边缘思维的陷阱

　　直到20世纪90年代末期,百视达公司一直控制着美国的电影出租行业,它的商店遍布全国各地,具有强大的规模优势,是电影出租市场的中流砥柱。百视达公司的所有商店都将大量资金投资到存货中,但是显然,他们的利润不能通过将电影光盘摆在架子上赚取,只有当顾客从商店借走DVD,店员做相应的登记后,百视达公司才能赚取利润。这种方式需要顾客借走DVD后尽快看完并归还,这样同一张DVD才能出租给更多顾客,从而赚取更多利润。为了使顾客尽快归还借走的DVD,百视达公司规定没有按时归还DVD的顾客需要按天支付额外费用,如果不这么做,借出去的DVD很有可能就被放置在顾客家里,而不能再借给其他顾客,那么公司就无法赚取更多利润。百视达公司不久之后就意识到顾客不喜欢归还借走的DVD,所以百视达不断增加延期归还的费用，以至于后来有分析家估计，百视达公司 70% 的利润来自延期的费用。

在这样的背景下，20 世纪 90 年代电影出租行业出现了一家名叫 Netflix 的企业，它有一个新奇的想法，与其让消费者亲自到 DVD 商店里，为什么不能把 DVD 邮寄给他们呢？Netflix 赚取利润的方式正好与百视达公司相反，顾客以支付月租费的方式租用 DVD，如果顾客没有观看他们预订的电影，Netflix 就能赚钱，因为只要顾客没有观看电影，Netflix 就不需要支付 DVD 的返程邮资了，也不需要寄出客户已经付费预订过的下一批次的 DVD 电影了。

这是一次大胆的尝试，Netflix 成为电影出租行业里大胆追赶巨人的典型。百视达公司拥有数十亿美元的资产、上万名员工，以及 100% 的品牌认同感，如果它决定涉足 Netflix 开辟的市场，那么它完全有能力让 Netflix 这个新兴企业的日子很难过下去。但是百视达公司没有这么做。

直到 2002 年，Netflix 逐渐展示出它的潜力，它取得了 1.5 亿美元的收入以及 36% 的利润率，百视达公司的投资者开始感到紧张，显然 Netflix 在做的事需要引起注意。许多人开始向百视达公司施压，要求公司更加关注市场。

百视达公司确实这么做了，在将 Netflix 的财务数据和自己的进行对比后，管理层得出了结论："我们根本不需要为此担心，Netflix 主打的市场比我们的小，它也许会扩大，但是我们还不清楚它的潜力到底有多大。"令百视达公司的管理层感到不安的是：

Netflix 的利润比百视达公司的要小得多，如果他们决定对 Netflix 采取压制行动并且取得成功，这很有可能分流百视达公司盈利最好的商店的销售量。"显然，我们时刻关注着人们家庭娱乐的任何方式，"对于大家的疑虑，百视达公司的发言人在 2002 年发布会上说道，"我们从未见过这样的商业模式能够在这个领域长期生存下去，网上租赁服务只是一个小众市场。"

然而，Netflix 却认为这个市场是具有无限魅力的潜力市场。Netflix 并不需要把这个市场同现存的巨大的有利可图的市场做比较，它重视的不仅仅是现有的利润和增长，还是发展趋势和无穷的市场潜力，考虑到这点，Netflix 便对它现有的利润很满意，对于这个别人认为的小众市场也很满意。

那么，谁才是正确的呢？

截至 2011 年第三个季度，Netflix 已经拥有将近 2400 万顾客，那么百视达公司呢？它已经在 2010 年宣布破产了。

百视达公司所奉行的是每堂财务和经济学基础课程上都会讲授且从来都无人质疑的原则：在评估多种可选择的投资时，我们不应当考虑沉没成本[1]和固定成本[2]（已经发生了的成本），而应当在考虑每种投资

1　译者注：指已经付出且不可收回的成本，多用于经济学或商业决策制定过程中。

2　译者注：指在一定业务量范围和时间范围内，其总额不随业务总数变化而变化的成本。特征为：在一定时间范围和业务量范围内，其总额维持不变，但对于单位业务量而言，它所分摊的固定成本却随着业务量总数变化而变化。

的边际成本[1]和边际收益[2]（新发生的成本和收入）的基础上做决定。但这是一种危险的思维方式，很多时候，这种分析显示边际成本更低，而边际收益更高，这一学说使百视达公司更倾向于过去的成功经验，而不能引导它面向未来开发新的机会。如果我们能知道未来的情况同过去完全一样，那么这种分析方式就可以采用，但是如果未来的情况会有所不同——而事实往往就是如此，那么这种方式就是错误的。传统的思维方式聚焦于过去，而正确的思维方式则应聚焦于未来。

百视达公司从边际理论出发，分析邮寄DVD的商业模式，就使得它只能看到自己现存商业模式的优势。这样一来，Netflix开辟的市场对它来说就完全没有吸引力。更糟糕的是，如果百视达公司成功抢占了Netflix的市场份额，那么这种新的模式很有可能会破坏百视达公司的现有模式。没有一个首席执行官愿意告诉投资者他想要投资一个很有可能破坏现有模式的新模式，尤其是这种新模式比现有模式的盈利能力低，也没有哪个投资者会同意这一做法。

而Netflix则没有这样的考虑，传统的边际成本和边际收益理论没有拖它的后腿。它在评价一个机会时没有考虑维持现有的商店或者保持现有的利润率，Netflix没有这些牵挂，所以它看到的只是一个巨大

---

1 译者注：指每一个单位新增生产的产品（或者购买的产品）带来的总成本的增量，即指在一定产量水平下，增加或减少一个单位产量所引起成本总额的变动数。

2 译者注：指如果再多销售一个单位的产品将会得到的收益，或目前最后卖出的一个单位产品所得到的收益。边际收益是实现利润最大化的一个重要衡量标准，一般认为当边际收益等于边际成本时，企业达到利润最大化。

的商机。这个商机百视达公司本该看到的，但是它却没有。

边缘思维理论使百视达公司相信，与开辟邮寄 DVD 市场相比，它更乐意继续以它一直以来的方式经营，这样它能获得 66% 的利润率以及几十亿美元的收入。但实际上，不开辟邮寄 DVD 市场的结果是百视达公司的破产。对于新出现的市场，正确的方法不是去考虑"如何保护我们的现有业务"（这是面向过去的思维模式），而是要考虑"如果我们没有现在的业务模式，将怎样才能建立一种新的模式？以什么样的方式才能更好地为我们的顾客提供服务呢？"（这是面向未来的思维模式）百视达公司没有这么考虑，而 Netflix 这样做了，当百视达公司在 2010 年宣布破产时，它用边际理论保护的商业模式也随之而去。

这就是大多数情况下边缘思维发挥作用的过程，因为边缘思维而做出错误决定导致的失败往往在最后时刻出现，所以无论是否愿意，我们要为错误决定付出的都是完全成本的代价，而不是边际成本。

你最终将为错误买单

边缘思维毁灭性影响的另外一个著名例子是钢铁行业。

美国钢铁公司是世界上最早成立的传统钢铁制造企业之一，一直以来它都关注着自己的竞争对手纽柯钢铁公司。纽柯钢铁公司开辟了钢铁行业的低端市场，掌握了比传统钢铁制造企业生产成本更低的新技术，并建立被称作"迷你工厂"的新型工厂，因此得以成功进入低端钢铁市场。

当纽柯钢铁公司开始逐渐蚕食美国钢铁公司的市场份额时，美国钢铁公司的工程师们经过讨论得出下面的结论：要想继续存活下去，必须建立同纽柯一样的工厂，以更低的成本生产钢铁，这样才能保持对纽柯的竞争优势。接下来工程师们共同制订了一项商业计划，该计划显示新工厂将使美国钢铁公司每吨钢铁盈利增加六倍。

每个人都同意这是一个有前途的计划，除了公司的财务总监。当他看到计划里提到要花钱去建立新的工厂时，提出了反对意见："我们为什么要建新工厂？我们现有的工厂已经有30%的产能过剩了，想要多卖钢铁，可以在现有的工厂里生产。在现有工厂里多生产一吨钢铁的边际成本是非常低的，其边际利润四倍于新建一个全新的迷你工厂。"

这位财务总监犯了边缘思维的错误，他没有意识到利用现有的工厂进行生产，钢铁的基本生产成本没有发生任何改变。建立一个全新的工厂可能需要事先投入一大笔钱，但是它却能为公司的未来提供新的且重要的成长潜能。

我在帮助许多公司解决新产品出现的问题时总会遇到一个充满矛盾的问题，同百视达公司和美国钢铁公司遇到的问题一样，而从它们的案例中吸取的经验很好地帮我解决了这一难题。当那些公司的主管人员认识到会有新竞争者出现的危险后，我会说："那么，现在的问题是，你现有的销售团队没有销售那些新产品的经验，这些产品面对的是不同的顾客，满足的是不同的目的，所以你需要创立一个新的销售团队。"而他们的回答必然是："你太天真了，你不清楚创立一个新的销售团队需要多少成本，必须倾向于现有的销售队伍。"

或者当我问："××，你了解你的品牌吗？你的品牌不适用于这个新产品，因此需要为它创立一个新的品牌。"他们的回答仍然是一样的："克莱，你不知道创建一个新的品牌要付出多昂贵的代价，我们需要倾向于现有的品牌。"

而刚出道的企业则是完全不同的考虑——"是时候建设一支销售队伍了""是时候创立一个品牌了",因此,就出现了下面的矛盾——那些规模庞大的企业虽然拥有大量资金却认为那些改变昂贵,而那些规模较小的新企业虽然只有少量资金却能勇往直前。

答案可以从边际成本与完全成本的理论中找到。每当成立已久的大企业的管理人员需要做投资决定时,都面临两种选择:

第一种是建立全新的品牌和销售团队,这要考虑它的完全成本。

第二种是使用现有的东西,这样就只需要花费边际成本,获得边际收入。

大多数情况下,关于边际成本的考虑总是能战胜完全成本。对于新企业则是不同的情况,它的考虑中并没有边际成本。如果选择考虑边际成本,花费的也是完全成本,因为它是新生的,对它来说完全成本就是边际成本。

在竞争中,边际成本的理论使得具有一定规模的企业选择继续使用它已有的东西,结果就是它付出了比完全成本更高的代价,因此它失去了竞争力。

就像亨利·福特说的那样:"如果你需要一台机器,但是你不愿意购买它,那么最终你会发现,你付了足以购买它的钱却没有拥有它。"

以边际成本理论考虑问题是非常危险的!

铤而走险的一小步

边际成本的理论同样可以应用在选择一种正确或者错误的行为中：它解释了我与我的学生讨论的第三个问题，即如何做一个正直的人，并远离犯罪。某件事"只做一次"的边际成本看起来是微不足道的，但是它的完全成本可能要高出很多。然而在个人生活中，我们很容易自然而然地、无意识地被边际成本的学说误导。

通常总会有这样一个声音在耳边说："我知道那是一般性的规定，大多数人不会去违反它，但是现在的情况下违反它情有可原，只做这一次，不会有什么影响。"我们可能会认为这种说法是正确的，因为一件错误的事只做一次，它的代价可能低得诱人，但是一次之后你就可能深陷其中，并且看不到这条路的尽头指向何方，也想象不到你将为这个选择付出多大的完全成本。

最近几年，我就曾看到许多原本深受同事和同伴尊敬的人因为犯了"仅此一次"的错误而走向失败。

政界高官锒铛入狱的例子也屡见不鲜，他们犯的错误是在最初决定要为国家服务时从未想过的；每一代华尔街的大人物都会曝出内幕交易丑闻；受到世界各地青少年崇拜的冠军运动员，因为滥用违禁药物或者行为不端而被捕，甚至葬送了自己的职业生涯；奥运冠军被取消获奖资格，要求归还金牌；主要国家报刊的记者在被寄予厚望和截止时间的压力下，肆无忌惮地伪造文章的细节，最终被查出；等等。所有这些人在开始自己的职业时，肯定都是对工作有着真正的热情的，没有一个年轻的运动员会认为自己需要用欺骗的手段维持领先的位置，他们相信凭借自己的努力就能赢得成功，但是当他们第一次有了尝试欺骗的机会时，就走到了悬崖的边缘。

仅此一次……

尼克·里森是一名26岁的交易员，他因为积累了13亿美元的债务并使英国的巴林商业银行最终倒闭而声名大噪。在谈及他之所以会走到今天这一步时，他用生动的语言告诉我们，是"仅此一次"的边际思维让他最终走上不归路的。事后看来，一切均始于一个相对来说非常小的错误。他不愿去承认这个错误。相反，利用一个不被人注意的错误账户去掩盖错误。

这使他在欺骗的路上越走越远，他为掩盖损失下了一系列的赌注，但是它们没有解决问题，反而使问题更加严重。他需要以谎言去掩盖谎言——为了掩盖亏损，他伪造文件，误导审计师编制虚假报表。

最终，他走到了终点——从位于新加坡的家中飞往德国时，在机场被捕。当巴林银行意识到他们无法筹集资金归还里森积累的债务时，只能被迫宣布破产，并以 1 英镑的价格卖给 ING。1200 名员工因此而失去工作，其中还有尼克·里森的朋友，而里森自己也被判六年半有期徒刑，在新加坡监狱服刑。

为了掩盖一个错误却导致一个拥有 233 年历史的商业银行倒闭，使自己以欺骗的罪名被监禁，也导致自己的婚姻失败，这是如何发生的呢？在最开始跨出一小步的时候，里森几乎不可能想到后果，然而这正是边际思维的危险之处。

"我想要的是成功"，里森在接受英国广播公司的采访时说，他的动机并不是积累财富，而是为了让自己的成功延续。当他的第一次失误威胁到他的抱负时，他就走上了通往新加坡监狱的道路。他并不知道这条路的尽头在哪里，但是当他踏出第一步时，就已经无法停下来了，除非他能突然醒悟并停止继续犯错。下一步也是一小步，那么既然已经走了前面的一步，为什么不走这一步呢？里森在描述走上这条道路的感觉时说："我想要在屋顶上大喊……我想阻止这些数额巨大的亏损，但是出于一些原因，我无法阻止继续亏损。"

这正是边际思维的危险之处——在大多数情况下会遵守规则，但这一次例外，仅此一次。我相信里森曾经考虑过承认他第一次犯的错误，那也许是让他痛苦的。选择正确道路的成本往往可以很清楚地看到，但是选择跟里森一样的错误道路的结果在开始时看起来往往没有那么差。事实上，里森根本无法想象为了掩盖这个小错误而付出的代价有多大——失去所有他重视的东西，包括自由、婚姻和职业，但这却实实在在地发生了。

100%的坚持要比98%的坚持更容易实现

许多人都曾经这样说服自己：我们可以违反自己的规则一次，下不为例。就这样，我们为这些小选择做了辩护。所有这些事情在第一次发生时都不会被认为是改变人生的决定。边际成本总是很低的，但是每个这样的决定都有可能越滚越大，最终使你成为自己不想成为的人。也就是说，边际成本使我们看不到这仅此一次的行为真正需要付出的代价。

踏出走上错误道路的第一步，源于一个你认为微不足道的决定，当你做出许多会积小成大的决定后，就相当于做了一个大决定。直到你回头反省，你才能意识到自己已经踏上了一条什么样的路，导致你走到根本没有想过的终点。

最初认识到"仅此一次"的危害是我在英格兰的时候，那时我是校篮球队的队员。那是一段美好的经历，我同每个队友都成了好朋友。我们一年四季坚持训练，努力也得到了回报，我们成功打进了英国NCAA联赛的总决赛。

但随后我发现总决赛的时间在星期天，这对我来说是个问题。

在我16岁的时候，我曾向上帝许诺不在星期天打球，因为那是我们的祈祷安息日。我提前向教练说明了我的情况，他有些怀疑，对我说："我不了解你的信仰，但我相信上帝会理解的。"对此我的队友也感到非常吃惊。当时我是首发中锋，而更糟的是，我们的候补主力在半决赛中受了伤，肩膀脱臼。所以队友们都劝我："你就不能破一次例去参加比赛吗？就这一次。"

这是一个艰难的选择——没有我比赛会很艰难，而队友们都是我最好的朋友，对总决赛我们期待了整整一年。但我又是一个虔诚的宗教徒，我来到教堂祈祷，思考我该如何选择，当时一个非常清晰的声音出现在我的脑海里：我必须坚守自己的诺言。随后我告诉教练，我不能参加总决赛。

从很多方面看来，对于我人生中几千个星期天来说，那只是一个很小的决定。理论上来讲，我完全可以为此破一次例，并告诉自己以后不再违背自己的诺言，但是现在回过头来看，"在这个情有可原的情况下破例一次是可以的"是一种诱惑，抵制这一诱惑是我的人生中最重要的决定之一。为什么这么说呢？因为生活就像是一条充满情有可原的河流，如果我破了一次例，那么在接下来的时间里我很有可能一而再，再而三地破例。

后来，结果证明我的队友们并不是一定需要我，他们在没有我的情况下赢得了比赛。

如果你向基于边际成本理论的"仅此一次"屈服，那么你将为最终结果感到后悔。我学到的是：以100%的坚持坚守原则要比以98%的坚持更容易实现。如果你从未越界，那么你的道德界限就足够强大；如果你破例一次，那么没有什么可以阻止你一而再，再而三地破例。

确定你要坚持的事，然后始终坚持它。

当一个企业面临一项针对未来革新的投资时，它会反复研究数字，并且从现有的业务出发去决定如何进行投资。从这些数字出发，一旦发现投资的边际收益没有边际成本多，它就很有可能决定放弃投资，但是这种思维方式隐藏着一个巨大的错误，即边际思维的陷阱。你可以计算出投资的直接成本，但很难准确计算出不投资的代价。当你认为投资新产品的收益不够大，而你也已经拥有一种非常受欢迎的产品时，就不会考虑到未来会有人将新产品引入这个市场。你假设其他东西也都会永远跟现在一样，尤其是销售老产品赚的利润会保持下去。一家这样的企业可能在短时间内不需要承受这种决定的后果——只要新的竞争者没有出现，但是基于边际成本理论做决定的企业最终会付出代价，这是导致许多成功企业放弃投资未来并最终失败的普遍原因。

对于个人来说，也是同样的道理。人生总是从今天开始，不是吗？

避免人生中出现道德让步带来的后果的唯一方法就是坚决不让它开始——跨过底线的第一步就是使你走上后悔道路的那一步。避免自己后悔的最好办法是什么？那就是多年前，当你第一次面临选择时，不要跨出第一步。

面临选择时，想象你所做的每个决定都符合当初下定决心要永远坚持的原则，可以更容易阻止你做出最终让自己后悔的决定。

结束语

你要如何衡量你的人生

没有认真考虑目标和使命可能是导致企业遭遇挫折和失败最重要的原因。

——彼得·德鲁克

如何确定你的人生目标

2009年秋季学期结束的前几周,我被确诊患有癌症,此前我的父亲也死于这种癌症。我在一堂课上把这个消息告诉我的学生,包括告诉他们现有的医疗条件可能无法治疗我的病。在过去的几年里,我一直利用每学期的最后一堂课与学生们讨论我在本书中提到的几个关于人生的问题,然而尽管我很努力地去解释,我感觉最好的情况是:最多有一半的学生在离开我的课堂时会认真地思索改变,而剩下的学生则会认为这个主题所讲的事与自己无关。

对于那天的课程,我希望所有的人都能够感受到认真思考人生是一件多么重要的事情。当讨论的理论适用于他们的人生和我的人生时,我们的谈话确实比以往都要充满力量。我想,这是因为我们花时间去讨论了明确人生目标的重要性。

每个企业也都会有自己的目标，这个目标体现在企业的价值取向中，并有力地影响着企业行为准则的形成，这种行为准则使得企业成员在各种情况下都知道什么是重要的。在许多企业里，关于什么是最重要的规则并没有正式确定下来，当紧急情况出现时，一些握有实权的管理者或者员工相信，他们可以利用企业的目标去实现个人目标，无论他们的个人目标是什么。对于这些人来说，企业实际上处于被利用的地位，而这样的企业则会逐渐衰弱，整个企业、产品以及领导也会很快被遗忘。

但是如果一个企业具有明确的、公认的目标，那么它的影响和作用将会是非同寻常的。企业的目标将起到灯塔般的作用，使员工的注意力聚焦在真正重要的事情上。这个目标还会使企业比任何一个管理者或者员工存在得更久。苹果公司、迪士尼、KIPP 学校（在内城区特许成立并且有突出成就的学校）以及 Aravind 眼科医院（印度一家眼外科医院，患者人数超过世界上任何一家医院）都是这样的例子。

没有目标，任何商业理论对于管理人员的价值都是非常有限的，即使它可以被用来预测一个重要决定可能带来的结果，在此基础上管理人员对这些结果进行评价，从而决定哪个是最好的。例如，如果我将我的破坏性创新展示给安迪·格鲁夫和谢尔顿将军时，对他们的目标没有清晰的理解，那么我就跟一个讲解员没有什么区别。

同样道理，要将本书中建议的价值最大化，你必须为自己的人生设定目标。为此，我要向你们描述我所知道的设定目标的最好方法，并举例说明我在自己的人生中是如何使用这一方法的。我对自己目标的设定是一个严格要求自己的过程，我也会向你介绍这一过程。

目标的三个组成部分

有效的企业目标包含三个组成部分：

第一，我将它称为"画像"。通过模拟，一位伟大的画家在创作油画之前，常常将脑海中的图先用铅笔勾勒出来。一个企业的"画像"是它的关键领导和员工对企业在发展道路上最终形成的样子的想象。"画像"一词在这里十分重要，因为它说的不是员工在未来某天兴奋地发现企业已经发展成的样子，而是企业的管理者和员工希望在每个关键时刻企业被建设成的样子。

第二，企业的目标要发挥作用，需要所有员工对所描绘的"画像"拥有强烈的认同感。企业的目标不可能只停留在纸上，因为在发展过程中，需要做出取舍的时刻会不停地出现，无法预料，如果员工没有这样强烈的认同感，那么当一次次情有可原的情况出现时，企业的目标最终会走上岔路。

第三，它的标尺作用。企业的员工们可以以这一标尺为准则来评价自己的工作，将员工凝聚在朝着企业目标前进的道路上。

未来"画像"、认同感以及标尺三个部分构成了一个企业的目标。追求积极影响的企业不能在偶然的情况下确定自己的目标，有价值的目标也不会产生于偶然。世界充满了海市蜃楼、自相矛盾和不确定性，所以目标不可能是命中注定的，它应该是经过深思熟虑的构想和选择后产生的。当目标确定好后，它如何被实现却常常是出人意料的，因为机会和挑战会不断出现并被解决。伟大的企业领袖知道利用目标的力量帮助他们立足于世界。

对于非商业组织的领导人也是一样，那些领导社会改革运动的人——比如圣雄甘地、马丁·路德·金等——都有着非常清晰明确的目标；对于致力于使世界更加美好的社会组织也是如此，比如无国界医生组织、自然以及国际特赦组织。

上帝并没有派人送给他们使人信服且具有价值的目标。同样，上帝也不会向你送来那样的目标。你想要成为怎样的人，你的人生目标非常重要，所以你不能把它交由偶然来决定。它需要你深思熟虑、精心地去构想、选择和管理。在你实现目标的过程中出现的机会和挑战本身具有不确定性，而我非常认可用战略性思维去面对这些意外出现的机会和挑战，所以我实现目标的过程也是这样一步步进行的。有时，未预料到的危险和机会在我朝着目标前进时出现在我身后，有时它们又像微风迎面而来。我庆幸的是，在实现目标的过程中我没有过于死板和顽固。

　　我努力确定了我的人生目标，也帮助我的许多朋友和以往的学生确定了他们的人生目标。真正理解人生目标的三个组成部分，即未来的"画像"、认同感以及标尺，是我所知道的确定目标并在此目标下生活的最可靠途径。

　　最后，请记住：这是一个过程，而不是一个事件。我花了几年时间才最终确定我的人生目标，但这是值得的。

我想要成为的人

给自己"画像",也就是确定愿景,即你想要成为的人,它是三个组成部分中最简单的,也是最理智的过程。

对我来说,起点是我的家庭,对于你们中的大多数人来说也是一样的。我受益于强烈的家庭价值观和家庭文化,我的父母有很强的信念,我在他们强有力的影响和鼓励下种下了信念的种子。然而,我直到24岁才明白这些事。

我生活里的两部分内容是想象自己未来"画像"时的丰富源泉。我利用从家庭、《圣经》和祈祷中学到的东西去帮助理解自己想成为什么样的人,对我来说,这也是上帝希望我成为的人。

最后,我是一个专业的人,坚信管理在做得好的情况下是所有职业中最高尚的,没有哪一个职业能像管理一样为他人提供学习和成长的机会,让他们懂得承担责任并取得成绩,以及为团队的成功做出贡献。构想自己的未来时，这是我认真思考的问题之一。

从以上几个方面，我最终提炼出自己想要成为的人：

一个致力于帮助他人改善生活的人；

一个善良、诚实、宽容、无私的丈夫、父亲以及朋友；

一个不仅仅是信赖上帝，更是相信上帝的人。

我发现，无论是否基于宗教信仰，我们中的许多人可能都会形成相同的关于想成为什么人的结论。这是你在为自己设定目标时的参考模式，这个目标将是你最重要的目标，但是你规划的愿景仅仅对你一个人有意义。

对目标，我们是否真的认同

对于如何使这些愿景在心中保持，我认为：你需要知道如何才能忠诚于目标，从而引导你在日常生活中做出选择，并告诉自己该做什么和不该做什么。

在我二十几岁的时候，罗德斯奖学金基金会给我提供去英国牛津大学学习的机会。在那里生活了几个星期之后，我发现远离我所成长的环境，而在新环境下坚持我的宗教信仰是一件很不方便的事。因此，我决定是时候考虑脑海里描绘的愿景——我想成为的人是否确实是上帝希望我成为的人呢？

于是，我空出每晚11点到午夜的时间来阅读《圣经》，做祈祷。我搬一张椅子坐在皇后学院寒意袭人的宿舍里的火炉旁反思这些事。首先，我跪着，口中祈祷，我向上帝解释说："我需要确定手上拿着的《圣经》是否就是真理，它对我的人生目标有什么启示。"我暗自向上帝许诺，如果他能回答我的问题，我将用一生去实现它所启示的目标。我也告诉上帝，如果《圣经》里说的不是真理，那也请让我知道，因为我将用一生去寻找什么是真理。

然后我会坐回椅子上，阅读《圣经》的一章，并细细咀嚼。我会问自己："这上面说的是真的吗？它对我的人生有什么暗示？"随后我会再次跪下祈祷，并且问同样的问题，做同样的许诺。

每个人实现自己的未来"画像"的过程都有所不同，而对每个人来说都一样的是在这个过程中的每个阶段都要回答："我到底想要成为谁？"

如果某一天你开始觉得为自己勾画的未来"画像"不对，那并不是你想要成为的人，那么必须重新考虑并选择。但是一旦清楚地确定那就是你想要成为的人，就应该用一生的努力去让自己成为那样的人。

我总会痴迷于思考我为自己勾画的未来"画像"是否正确，确定后再去为之努力。正是这样的痴迷使得我的目标变得更加具有价值，使得我能够逐步地去实现它——给最初铅笔勾勒的画面上色。

当我按照这样的方式逐步前进时，心中的感觉以及脑海中的话语都告诉我，我所规划的愿景正是自己想要的。我也逐渐确信，我想要成为的人——善良、诚实、宽容以及无私，也是上帝希望我成为的人。我对自己想要成为的人逐渐有了从未有过的清晰了解，它确实改变了我的心灵和我的生活。

对我来说，确定自己想要成为什么样的人比较简单。但是，真正把自己献身于成为这样的人却不容易。在牛津大学学习的时候，如果我花一个小时去做这件事，那么就有一个小时不能学习"计量经济学"，所以那个时候我感到非常矛盾，不知道自己能否花得起这样的时间，但是仍然坚持下去了。

如果当时我花了那一小时去学习掌握回归分析法最新的相关方法，那么很有可能过不好我的人生。每年使用到计量经济学的机会很少，但是对人生目标的理解却在人生中的每一天都可以用到。这是我获得的最有价值、最有用的认识。

找到正确的标尺

人生目标的第三个组成部分是用来评价人生的标尺，对我来说，理解这一部分花费的时间最多。直到离开牛津大学十五年后，我才逐渐弄明白。

那天早晨，我正开车去上班，突然产生强烈的感觉：我应该被任命担任所在教堂的一个职务。我所在的教堂没有专职的牧师，它的每位成员都承担了重要责任。几个星期以后，我又了解到教堂的一位领导即将离开教堂，于是我推测这将是我获得这份工作的机会。

但事实却不是这样，另外一个人接手了这份工作。当时我快崩溃了，不是因为我渴望这个神权职位，而是因为我一直以来渴望能够在壮大教堂方面做出重要贡献。我觉得在这个位置能比不在这个位置为更多的人做更多的事。没有得到这个职位使我情绪低落了两个月，因为我认为自己能将这份工作做得很好。

在我人生中的困难时刻，对这些事的个人困惑促成了我对人生目标第三部分的理解，即评价人生的标尺。我意识到，由于大脑容量的限制，我们往往看不到宏观的情况。让我从管理学的角度来解释一下：警长需要关注一段时间内所有犯罪的数量，以此来了解这段时间的战略是否有效。一个企业的管理者不能通过某个顾客的订单看出企业的运行情况，他需要更全面地考虑收入、成本以及利润等。

简而言之，我们需要通过对总体的加法来帮助我们看到全局，这不是最精确的方式，却是我们能用的最好方式。

工作中，因为对总体观察的需求，我们养成了对等级的感觉：统辖人数越多的人越重要——首席执行官比总经理重要，总经理比销售主管重要等。

随后我又意识到，上帝与我们不同，他不需要统计员和会计。据我了解，他不需要通过观察总体来了解人类当中发生了什么，他衡量成就的唯一标准是以个人为单位。

意识到这些后，当许多人以总体加法统计的方式——比如人数、获奖文章的数量、银行里的存款等来衡量人生时，我则认为，人生中最重要的标尺却是每个我帮助过的人，他们能够成为更好的人。当我与上帝对话时，我们的谈话关注的是每一个个体，包括在我的帮助下强化了自尊心的人、强化了信念的人，以及减轻了痛苦的人，我是一个做好事的人，无论我的工作是什么。这些都是上帝评价我的人生时的标尺。

这个领悟在大约十五年前发生，它引导我每天寻找机会并根据每个人的情况带给他们帮助。正因为如此，我的幸福感和价值感得到了极大增强。

一辈子最重要的是什么

现在的我身兼数职——父亲、丈夫、主管、企业家、市民以及学者，对于人生目标的理解就显得更加重要了，否则我怎么知道什么事才是最重要的呢？

我向我的学生保证，如果他们花时间去找到自己的人生目标，那么就会同意那是自己发现的最重要的东西。我告诫他们，在学校的时间可能是深入思考这个问题的最好时间，否则快节奏的职业、家庭责任以及成功的有形奖赏都将吞掉他们的时间和远见；他们在学校的时间也会匆匆而过，没有方向，他们也将在人生中遭遇打击。长期看来，对目标的了解将胜过作业成本法、平衡计分卡、核心竞争力、破坏性创新、五种力量，以及其他我在哈佛讲授的主要商业理论。

对他们来说是这样，对你来说也是——如果你花时间来寻找你的人生目标，那么我保证，那将是你学到的最重要的东西。

我同两个有趣且能干的合著者一起写下这本书，帮助你在你的职业中获得成功和快乐。我们希望它能帮助你从与家人和朋友的亲密、友爱的关系中得到深层次的快乐，因为你将时间和天赋投资于他们，而他们也是值得你投资的。我们希望这本书能帮助你正直地生活。

但最重要的是，我们希望如果在生命的最后彼此可以相遇，再一起来评价我们的人生，我们都可以得到满意的结果。

什么是你这辈子最重要的东西？

你将如何评价你的人生？

致谢

愿本书能够帮助你预测每一个行动的结果

克莱顿·克里斯坦森

很多商业研究人员、顾问、作家常常提供给我们一些关于科技、企业或者市场的静态画面，这些静态的画面就像快照，企图捕捉企业在某一个时间点的特征或者表现——有些是胜利者，有些则摇摇欲坠；他们也把镜头朝向企业管理者——有的表现优异，有的则叫人摇头叹息。

不管有意或者无意，这些快照告诉我们的信息是：如果你也希望表现得像那些成功的企业管理者那样出色，就需要学习他们的做法。这些快照也告诉我们，无论是业界的领先者还是落后者，很少会告诉你他们是如何走到今天的，也不会告诉你将来会发生什么。

我和我的同事、学生一起合著这本书则希望为你提供的是一部电影，而不只是一张张快照。在这里，所谓的电影不同于在电影院里看到的影片，而是指本书中阐述的在哈佛商学院产生的"理论"。这些理论描述了什么导致了事情的发生、原因是什么，以及故事情节。我们在电影院看的影片总是充满悬疑和惊险，而我们的电影情节则是可以预测的。你可以把影片中的演员换掉，例如换成不同的人、公司或者产业，然后再来看这部电影。你也可以自行决定影片中的演员采取什么样的行动。由于电影中的情节有理论根据，存在因果关系，所以你可以预测每一个行动带来的结果。

如果你喜欢看娱乐影片，也许会大失所望，感到非常无聊，但对于经理人而言，绩效是最重要的，他们会根据这些理论来模拟、预测各种行动在短期和长期分别会取得什么样的结果。由于我们的理论就是情节，你可以不断倒带，回过头来看，了解前因后果。我们的电影还有一个特色，就是你可以根据这些理论来预测未来，你也可以根据不同的情况改变计划，再来看结果如何。

我深深感谢很多帮助过我的人，有了他们的帮助我才得以发展出这样的理论。谢谢肯特·鲍温和维利·史，这两位教授让我认识了什么是理论，引导我利用科学方法在社会科学领域建立有力的理论，他们的指导对于我而言是极其重要的。

我还要感谢我的同事史蒂夫·考克曼、雷·吉尔马丁和谢尔·胡贝尔，我在哈佛和麻省理工学院博士班的学生，以及"创见研究所"的合作伙伴，"创见研究所"的同事是我见过的全世界最聪明、最无私的人。他们每天利用理论来探讨如何为企业解决问题，开拓成长机会。他们也发现有些理论无法解释的情况或结果，然后帮我解决这些特例，并改善理论。我未曾想过此生能有幸和如此杰出的人合作，更想象不到我的学生可以成为我的老师。

很多人出书谈论如何建立一个快乐、幸福的家庭，但他们描述的就像前面所说的快照，给我们看成功人士和幸福家庭的画面，加上一些失败、不快乐的实例。他们也提供简单的处方，并承诺如果你按照他们说的去做，就可以获得成功和幸福。但是这么做并不能保证一定让我们获得成功和快乐。我们在书中讨论的理论，既可以用于企业管理，也可以解释家庭与婚姻成功之道，帮助你找到真正的快乐，还可以帮助你发现人生悲剧的根源。这意味着我们提出的理论就像上述电影，不但可以让我们预测公司的未来，也可以让我们看到，人生在何种选择与优先顺序之下，才能取得令我们满意的结果。

我之所以有这些灵感，主要源于数十年来走遍北美与诸多教友在基督教会的礼拜日聚会中的交流。未曾参加过这样聚会的人，大概很难描述这样的聚会。在那里我们经历的心智考验类似我在哈佛的经验，让我们对内在精神有了自己的体悟，不但从外界学习，也会反求诸己，思考要以什么样的标准来衡量自己的人生。我何其有幸，能拥有这些了不起的朋友，让我得以不断地学习，知道什么是真正的永恒。

我也庆幸能找到像凯伦和詹姆斯这样好的搭档，一起完成此书。在我努力从中风中康复时，他们耐心地引导我，让囚禁在我头脑中的意念得以释放出来，转化为文字。我请他们加入的原因，是他们看待世界的角度和我不同，即使我能说的话很有限，他们依然可以设法帮我表达我的看法，进行讨论，最后得到稳妥的论点。

詹姆斯是我在哈佛商学院任教二十年来，所教过的数千名学生当中最聪明的一个，但他谦逊、无私。凯伦则是最好的作家和编辑。你可以从《哈佛商业评论》的每一篇文章中看到她在编辑方面的能力。在写书这段时间，他们不但是我的工作伙伴，也是我最好的朋友。我实在不知道该如何表达我对他们的感谢。

我还要感谢我在哈佛商学院的助理埃米莉·斯耐德与莉莎·斯通，如果没有这两位得力助手，我大概会成为一个糊里糊涂、心不在焉的教授。她们为我和身边的每一个人带来平静、和善、秩序、祥和与乐趣。我和她们站在一起，总有相形见绌之感。

在本书写作的过程中，我太太克丽丝汀和我们的孩子马修、安妮、迈克尔、斯宾斯和凯蒂，都对书中每一个段落提出他们的疑问、意见和建议。我很高兴他们这么做，毕竟书中理论的发展与运用都和家庭相关。当和克丽丝汀相爱的时候，我已经看到了关于婚姻和作为一个父亲的快照，现在我和我的孩子们一起研究书中的理论，把这些理论当作电影，把影片中的人物换成自己，来预测行动的结果。没想到这些理论对未来的预测都十分精彩。我对他们的感激实在是无法用语言来形容的，我感激他们在带给我们幸福方面做出的勇敢选择和决定，因此我决定把这本书献给他们。

希望本书提出的想法能对各位读者有所帮助，就像我们一样获益良多。

我的收获颇丰，希望你也能够如此

詹姆斯·奥沃斯

我必须承认，在三年前我刚从遥远的地方来到哈佛商学院就读时，如果有人告诉我，我将在三年后与其他作者合作出版一本书，我一定不会相信。如果有人说，我们将把最严谨的商业理论应用在人生当中，并根据这些理论去找到人生的幸福与满足……我一定会哈哈大笑。

人生就是如此，有很多你意想不到的事情。

我之所以有这样的奇遇，实在要感谢我的良师益友——克里斯坦森教授。从我坐在教室里听他上课的第一天开始，我的生命就有了变化。他在第一堂课就告诉我们，越困难的课学到的东西越多，然后开始"电"我们（这是我们商学院的俚语，也就是老师在上课的时候突然出一些很难的问题）。很不幸，我被第一个"电"到了，我边整理自己的思路边回答，结果说得支支吾吾，但克里斯坦森教授耐心地等我说完并仔细解释、确定我们都了解了答案，我们就这样上了一学期。

我何其有幸，跟这样一位老师学习，他不但是真正关心每一位学生的老师，也是全世界最有智慧的人。我可以保证，如果你好好看他的书，一定能学到很多知识。他对周围的人总是抱着真诚的关心，在我认识他期间，他一贯如此。在学期中，他发现自己得了癌症，但还是尽可能回到课堂和我们在一起。他在最后一堂课跟我们分享他的感悟，并在课堂上与我们讨论本书提到的几个人生课题。他的家人也来到我们的课堂上，我们都不知道这是不是他在哈佛为学生上的最后一堂课。癌症对他的影响使他更加下定决心要帮助我们。

我心里一直有个疑问：我到底做了什么好事，才有这样的荣幸与克里斯坦森教授一起写书？我想起歌德的话：你不能以一个人的现状来对待他，要按照他希望成为的人去对待他，这样你才能帮助他，使他成为自己理想中的人。克里斯坦森教授让我认为我在帮他写书，其实是他在帮我。

克里斯坦森教授，我从你身上学到了很多东西。除了我父母，你对我的帮助最大，你改变了我对这个世界的看法。真心地感谢你！

在写这本书的过程中，我还有幸认识了另一个非常好的朋友——迪伦。我和迪伦初次碰面时，非常希望她能帮我的忙，本来她没必要帮我，可是她却尽全力，毫无保留地帮助了我。和克里斯坦森教授第一次的互动就预示着我和迪伦会成为好朋友。她是个意志坚定的人，有耐心、无私、有绝佳的幽默感而且冰雪聪明。能和她一起工作，真让我觉得幸运无比。每次我们碰到写作的"瓶颈",她都会用智慧、幽默和积极乐观的精神把我们拉出来。因此,有迪伦在,我们就不怕困难了——因为我们知道她不但会支持我们,还会帮助我们顺利渡过难关。

迪伦,谢谢你,因为你的协助,这个写作计划才充满乐趣。没有比你更合适的战友了。

我还要在此感谢柯林斯出版公司的海姆鲍什,感谢他支持这个出书计划,对我们有信心,而且不辞辛劳地协助我们。

我也要感谢我们的版权经纪人丹尼·斯特恩,谢谢他相信我们能写出很棒的作品,并坦率地给我们提出意见。

还有,我要向许许多多的同学致谢,谢谢他们的忠告、回馈和建议——赖德·彼得斯梅尔、麦克斯·韦塞尔、罗伯·维勒、里奇·奥尔顿、杰森·奥古尔和露西娅·泰恩。多亏这些才华横溢的人的幽默与耐心,这本书才会变得更好。他们真是全世界最棒的工作伙伴。

谢谢莉莎·斯通和埃米莉·斯耐德,是她们使得我们的工作井井有条,而且还不断地激励我们,因为她们的帮助,我们才得以克服困难。

我还要感谢我在哈佛商学院2010年毕业班的同学,感谢克里斯汀·华莱士提议请克里斯坦森教授为毕业班演讲,此外我也要谢谢我们的班代表帕特里克·秦和斯科特·杜宾,他们接受了建议,并安排演讲事宜。我们都认为克里斯坦森教授在那天的演讲上与我们分享的东西非常宝贵，应该让更多的人知道，于是我们决定做些事情让这个想法变成现实。

感谢许多教授在哈佛给我的协助与指导。彼得·奥尔森教授，谢谢你在写作方面给我的指导和鼓励。安妮塔·埃尔伯塞教授，对内容产业的参考资料，主要来自你的课堂。还有许多在学校走廊上被我拦截的老师，感谢各位不吝与我分享你们的看法。最后，谢谢扬米·穆恩教授给了我不少宝贵的建议。

我还要谢谢博兹管理与策略顾问公司的朋友，谢谢他们的耐心和支持，尤其是下面两位——蒂姆·杰克逊和迈克尔·胡伊，没有他们，我必然无法完成这本书。

克里斯坦森教授在这本书的第一章分享了他和同学们的相互勉励，推动彼此去做有意义的事。我第一次听到他说的时候，不禁露出会心的笑容，虽然我和克里斯坦森教授的年龄差了一大截，但是与他合作的过程中，我也有相同的感受，觉得自己收获很多。不少朋友也激励我、挑战我、劝说我去做我相信的事，如果我不去做，他们绝不会放过我。在此特别感谢我这些挚友——塔希尔·卡米萨、安东尼·班加伊、古伊·麦希尔、D.J.迪唐那、卡米·萨伊迪和约翰·史密斯。

我也要感谢另外两位共同作者的家人，为了这本书，我不得不剥夺你们相处的时间，还不断请求你们看稿子，给我意见。谢谢你们的支持。

谢谢我的父母米克和苏茜，还有我的妹妹尼基，多谢你们的帮助、支持和关爱……谢谢你们为我所做的牺牲，再多的言语也无法表达我对你们的谢意。

最后，我还要感谢你们，也就是正在读这本书的读者。谢谢你们倾听我们在书中的叙述。我们把所有心血都倾注到这本书当中，希望它能真正地帮到你们！

真诚地希望各位读者能从此书中获益。

从此我过上了想要的生活

凯伦·迪伦

克莱顿·克里斯坦森教授改变了我的人生。

2010年春天,作为《哈佛商业评论》杂志的编辑,我想要写一篇可以为2010年夏天增加一些额外内容的文章。后来我想起即将在那个春天毕业的哈佛商学院学生,他们在经济形势乐观、一切看似皆有可能的时候申请了商学院,而即将毕业时面临的却是充满不确定性的世界。我找到了商学院毕业班的班代表帕特里克·秦,想要问问他的看法,是他告诉我克里斯坦森已经被选为他们的发言代表,而他的话确实非同寻常。

所以,随后我联系了他,问他我能否去他的办公室,向他了解一些他教给学生的东西,他爽快地答应了,我便带上电子录音机和文章提纲去找他。

当我踏入他的办公室时,我想的只有MBA毕业生的生活,一个多小时后,我想到了我自己。

克里斯坦森问的每个问题、谈论的每个理论都引起我的共鸣。在之后的几个月里，我反复看了我们谈话的文字稿，我发现这次谈话改变了我的想法。我把自己的资源分配到了我最看重的事情上了吗？我对自己的人生有规划吗？我有明确的目标吗？我如何评价自己的人生？

我在哈佛商学院的停车场站了几个小时，发现自己没有得到上述问题的满意答案。从那以后，我改变了人生中几乎所有的东西，因为我的目标是重新关注我的家庭。2011年春天，我辞去了在《哈佛商业评论》的工作，我祝福我的同事们。随后的几个月，我一方面同克里斯坦森和詹姆斯一起写这本书，另一方面真正出现在自己的生活中，更重要的是真正出现在丈夫和女儿们的生活中。自那以后，我没有对我做的决定后悔过。

同克里斯坦森和詹姆斯一起写这本书是我的荣誉和快乐，这本书是我们三个人花了无数个小时讨论和辩论的结果。我觉得自己有幸获得了克莱顿·克里斯坦森的理论和想法，此外詹姆斯·奥沃斯无畏的质问也给我带来了无价的收益，詹姆斯·奥沃斯使我们保持不可思议的高标准——下定决心，即使燃料即将烧尽也要翱翔。

我要感谢我在《哈佛商业评论》的同事们，感谢他们对我那篇原创文章以及我随后重新设定生活计划的支持，尽管这意味着我要辞去我喜欢的工作，特别要感谢《哈佛商业评论》的集团主编阿迪·伊格内休斯，他从一开始就认同关于那篇文章的想法；感谢执行编辑萨拉·克里夫睿智的劝告和建议；感谢文章编辑苏恩·多诺文的帮助，从而使文章更精练；感谢卡伦·普雷尔使文章的格式更美观；感谢丹娜·利斯总是允许我为了更有价值的东西延迟交稿和为我增加空间；感谢埃里克·赫尔维格确保文章在《哈佛商业评论》网站上找到读者，也感谢他给我提出的宝贵建议；感谢正在克里斯坦森创立的咨询公司工作的凯西·沃洛夫森，他确保文章给了正确的人。

2010年春天时，克里斯坦森的助理莉莎·斯通与我们共同准备了原稿。克里斯坦森现在的助理埃米莉·斯耐德在整个写作过程中也提供了支持。丹尼·斯特恩以及他在斯特恩协会的团队为我们提供了牢固的指导和鼓励。我们的天才编辑霍里斯·海姆鲍什为我们安排了时间表，确保我们顺利地完成工作。黛安娜·库图，我感谢你与我分享充满激情的想象，你跟我一起重新投资生活，有一天我们要一起开车穿过小镇，你不知道你帮助我启动了多么精彩的思维，我对你万分感激！

我还要感谢SKYPE、Google和Dropbox，这些工具使得在波士顿和伦敦的人能一起写这本书，詹姆斯还告诉我应该写博客……

我最感谢的是我的家庭，我的父母比尔·迪伦和玛丽莲·迪伦为我营造了最棒的、强有力的以及充满友爱的家庭环境；对于我的姐妹罗宾和兄弟比尔，我要骄傲地说，这么多年过去后，我仍然把你们当作我最亲密的朋友。

对于我的丈夫理查德·佩雷兹及女儿瑞贝卡和埃玛，他们忍受自己生活里的巨大变化，支持我写书的工作和我对人生的重新打算。他们用每种可能的方式为我提供支持和灵感，我觉得成为他们的妻子和母亲是上帝赐予的礼物。从他们那里，我找到了我的目标，也知道了如何衡量我的人生。